2020年辽宁省一流本科课程配套教材
新时代下建筑土木类课程规划教材

# BIM概论

主　编　张玉琢　王庆贺　房延凤
副主编　张信龙　王烘艳　邢忠桂　严欢欢
主　审　齐宝库

BIM GAILUN

大连理工大学出版社

图书在版编目(CIP)数据

BIM 概论 / 张玉琢，王庆贺，房延凤主编. -- 大连：大连理工大学出版社，2021.2(2023.11重印)
新时代下建筑土木类课程规划教材
ISBN 978-7-5685-2844-3

Ⅰ. ①B… Ⅱ. ①张… ②王… ③房… Ⅲ. ①建筑设计－计算机辅助设计－应用软件－高等学校－教材 Ⅳ. ①TU201.4

中国版本图书馆 CIP 数据核字(2020)第 247217 号

大连理工大学出版社出版

地址：大连市软件园路 80 号　邮政编码：116023
发行：0411-84708842　邮购：0411-84708943　传真：0411-84701466
E-mail:dutp@dutp.cn　URL:https://www.dutp.cn

辽宁星海彩色印刷有限公司印刷　　大连理工大学出版社发行

幅面尺寸：185mm×260mm　　印张：11　　字数：253 千字
2021 年 2 月第 1 版　　　　　　　2023 年 11 月第 2 次印刷

责任编辑：孙兴乐　　　　　　　　责任校对：王晓彤
　　　　　　　　封面设计：对岸书影

ISBN 978-7-5685-2844-3　　　　　　　　定　价：37.00 元

本书如有印装质量问题，请与我社发行部联系更换。

# 编审委员会

主　审：齐宝库　沈阳建筑大学
主　编：张玉琢　沈阳建筑大学
　　　　王庆贺　沈阳建筑大学
　　　　房延凤　沈阳建筑大学
副主编：张信龙　中国建筑东北设计研究院有限公司
　　　　王烘艳　西安交通工程学院
　　　　邢忠桂　百川伟业(天津)建筑科技股份有限公司
　　　　严欢欢　上海建教智能科技有限公司
参　编：陈慧铭　江飞飞　张　铎　董国明
　　　　许怀玉　张伟东　张　赫　陈新华
　　　　路　标　赵紫曼　张钟文　张自豪

# 前言 Preface

当前,我国建筑业正面临着前所未有的机遇与挑战,国家提出了创新建筑业发展方式以及促进建筑业转型升级的新要求。建筑信息模型(Building Information Modeling,BIM)技术进入我国建筑和土木工程领域已有十余年,在建筑业的变革中发挥着极为重要的作用。中国建筑业需要利用 BIM 技术实现在规划、设计、施工和运维等各阶段、各专业、各环节的无缝衔接,完成从粗放作业向精细作业的升级,实现从独立工作向协同工作的转变。在此背景下,推广和应用 BIM 技术是降低建造成本、提高建筑质量和运行效率、延长建筑全生命周期的最佳途径,也是我国建筑业实现信息化、工业化的必由之路。

本教材可作为应用型本科院校和高等职业院校的专业教材,又可作为企事业单位 BIM 技术培训教材,也可供 BIM 相关工作的专业人员学习参考。本教材的内容定位为 BIM 的入门教程,主要培养学生在 BIM 理论方面的职业能力和职业素养。为了满足"以能力为中心"的培养目标,编者同期编写了《Autodesk Revit 实训系列教程——建筑篇》一书,供相关人员选用,以突破技术的综合应用能力培养,加强实践操作和技能训练。

本教材内容涵盖 BIM 基础知识、BIM 工程师职业素养与发展、BIM 软件、项目全过程中 BIM 实施、项目全生命周期内的 BIM 应用、BIM 模型与标准体系、BIM 的未来。

本教材的编写得到了 2020 年辽宁省一流本科课程建设("BIM 应用基础"课程)和辽宁省校际合作项目(资源共享——建筑信息模型(BIM)跨专业综合实训平台)的资助,在此表示深深的感谢。

在编写本教材的过程中,编者参考、引用和改编了国内外出版物中的相关资料以及网络资源,在此表示深深的谢意!相关著作权人看到本教材后,请与出版社联系,出版社将按照相关法律的规定支付稿酬。

限于水平,书中仍有疏漏和不妥之处,敬请专家和读者批评指正,以使教材日臻完善。

编　者

2021 年 2 月

所有意见和建议请发往:dutpbk@163.com
欢迎访问高教数字化服务平台:https://www.dutp.cn/hep/
联系电话:0411-84708462　84708445

# 目录 Contents

第1章　BIM 基础知识 ··································································· 1
　1.1　建筑业信息化背景 ······························································ 1
　1.2　BIM 的概念和发展 ······························································ 7
　1.3　BIM 的应用价值 ································································ 13
　1.4　BIM 的特征和意义 ······························································ 17
　思考与练习题 ············································································ 20

第2章　BIM 工程师职业素养与发展 ··········································· 21
　2.1　BIM 工程师的概念 ···························································· 21
　2.2　BIM 工程师的职业素养 ······················································ 23
　2.3　BIM 工程师的岗位职责 ······················································ 29
　2.4　BIM 工程师的需求分析 ······················································ 32
　思考与练习题 ············································································ 34

第3章　BIM 软件 ······································································ 35
　3.1　BIM 软件分类 ··································································· 35
　3.2　BIM 建模软件 ··································································· 38
　3.3　BIM 工具软件 ··································································· 42
　3.4　工程实施各阶段 BIM 软件 ·················································· 43
　思考与练习题 ············································································ 59

第4章　项目全过程中 BIM 实施 ················································· 60
　4.1　概　述 ············································································· 60
　4.2　项目规划阶段 ··································································· 62
　4.3　项目实施阶段 ··································································· 71
　4.4　项目完成阶段 ··································································· 85
　思考与练习题 ············································································ 87

第5章　项目全生命周期内的 BIM 应用 ······································· 88
　5.1　BIM 在规划阶段的应用 ······················································ 88
　5.2　BIM 在设计阶段的应用 ······················································ 94

5.3 BIM 在施工阶段的应用 ·················································· 101
5.4 BIM 在运维阶段的应用 ·················································· 120
思考与练习题 ································································· 123

## 第 6 章　BIM 模型与标准体系 ················································ 124
6.1 BIM 建模流程 ···························································· 124
6.2 BIM 建模精度 ···························································· 125
6.3 IFC 标准 ································································· 128
6.4 建筑信息模型应用统一标准 ··············································· 133
思考与练习题 ································································· 137

## 第 7 章　BIM 的未来 ·························································· 138
7.1 BIM 与建筑工业化 ······················································· 138
7.2 BIM＋新技术 ···························································· 148
7.3 智能建造——建筑业的未来 ··············································· 161
思考与练习题 ································································· 166

**参考文献** ······································································ 167

# 第1章

# BIM 基础知识

**本章要点**

(1) 建筑业信息化发展背景介绍。
(2) BIM 的定义及其发展历程。
(3) BIM 的价值、特征和意义。

**学习目标**

(1) 了解建筑业信息化的发展背景及其与 BIM 间的关系。
(2) 了解 BIM 的定义和其在国内外发展历程。
(3) 掌握 BIM 的价值、特征和意义。

## 1.1 建筑业信息化背景

### 1.1.1 建筑业信息技术的发展

近三十年来,随着人工智能技术、多媒体技术、可视化技术和网络技术等新型信息技术的飞速发展及其在工程领域中的广泛应用,信息技术已成为建筑业在 21 世纪持续发展的命脉。在工程设计行业,CAD 技术的普遍运用,已经彻底把工程设计人员从传统的设计计算和绘图中解放出来,他们可以把更多的精力放在方案优化、改进和复核上,大大提高了设计效率和设计质量,缩短了设计周期。施工企业运用现代信息技术、自动控制技术以及信息、网络设备和通信手段,在企业经营、管理和工程施工的各个环节上都实现了信息化,包括信息收集与存储的自动化、信息交换的网络化、信息利用的科学化和信息管理的系统化,提高了施工企业的管理效率、技术水平和竞争力。城市规划、建设中利用人工智能和地理信息系统(Geographic Information System,GIS)技术,提供城市、区域乃至工程项目建设规划的方案制订和决策支持,计算机辅助工程(Computer Added Engineering,CAE)技术也得到了不同程度的发展和应用。当前,工程领域计算机应用的范围和深度也在不断发展,建筑工程 CAD 正朝着智能化、集成化和信息化的 BIM(Building Information Modeling)方向发展,异地设计、协同工作、信息共享的模式正受到广泛重视。计算机的应用已不再局限于辅助设计,而是扩展到了工程项目全生命周期的每一个方向和每一个环节。CAD 已经走向 BIM,即在工程项目全生命周期的每一个方向和每一个环节中全面应用信息处理技术和虚拟现实技术、可视化技术等与 BIM 相关的支撑技术。

多年来,一些发达国家正在加速研究建筑信息技术以提升本国建筑业的可持续发展。例如,美国十分重视信息技术在行业中的应用,美国斯坦福大学早在 1989 年就成立了跨土木工程学科和计算机学科的研究中心(Center for Integrated Facility Engineering,CIFE),该研究中心得到了充足的科学基金和企业赞助,在建筑业信息化方面做了大量前瞻性的工作,对美国乃至世界在此方面的研究起到了带头作用。又如,欧盟投巨资组织了 ESPRIT(欧洲信息技术研究与开发战略规划),完成了 COMMIT、COMBINE 和 ATLAS 等多项著名的研究项目,发表了富有成效的研究成果,为建筑业向信息化方面发展打下了牢固的基础。日本是世界上第一个在建设领域系统地推进信息化的国家,早在 1996 年,日本建设省就做出了关于针对公共建设项目推进信息化的决定。按照该决定,公共建设项目的信息化分两步走:第一步,于 2004 年前首先在建设省直属的国家重点项目中实现信息化;第二步,于 2010 年前在全部公共建设项目中实现信息化。这些目标已经基本实现。

在实行工程项目的信息化管理方面,美国通过大型软件公司与建筑企业的有机结合,走在了世界前列。比较典型的例子是 Autodesk 公司研制的 Buzzsaw 平台已经成功地用于近 65000 个工程项目的管理。另外,类似 Buzzsaw 平台的还有 Honeywell 公司的 My Construction 平台和 Unisys 公司的 Project Center 平台,这些平台在实际工程中也都得到了很好的应用。在电子政务方面,发达国家和地区大多数已经建成了较为完善的电子政务系统,建筑业的有关企业和个人都可以从因特网上获取必要的信息,办理相关的手续。如英国建立了"建筑网"和"承包商数据库",公众可以在网络上查询政府在建筑方面的法规、政策和承包商的信息。一些国家和地区还建立了政府项目的招投标采购系统(日本、中国台湾)、建筑项目设计报批管理系统(新加坡)、公共项目的计算机辅助管理系统(中国香港),达到了有效降低工程成本、提高工程质量和减少腐败行为的效果。

在促进和运用信息化标准方面,一些发达国家相继建立了各种组织,制定了完备的标准。比如国际开放性组织 buildingSMART(早期为 IAI)所制定的 IFC 标准,已经成为各国广泛采纳和推广的建筑工程信息交换标准。美国建筑科学研究协会制定和建立了国家建筑信息模型标准(National BIM Standard,NBIMS)和智能建筑联盟(Building Smart Alliance,BSA)组织,并相继于 2007 年和 2011 年发布 NBIMS 标准初始版和第二版。2009 年,威斯康星州成为美国第一个要求州内新建大型公共建筑项目使用 BIM 的州政府,其发布的实施规则要求是:州内预算在 500 万美元以上的公共建筑项目都必须从设计开始就应用 BIM 技术。欧盟建立了基于 BIM 标准的 STAND-INN(Standard

Innovation)组织,旨在通过运用BIM技术更高效地推动建筑业的发展,提高整个地区建筑业的国际竞争力。早在2012年初,芬兰20%～30%的公共项目就采用了BIM技术,并在接下来的几年达到50%,公共部门成为BIM使用的主要推动力。2011年5月,英国内阁办公室发布了"政府建设效率"的文件,指定政府于2016年完全使用三维BIM的最低要求。同时,英国的多家设计和施工企业共同成立了标准制定委员会,制定了相应"AEC(UK)BIM标准",并作为推荐性的行业标准。

澳大利亚2012年10月28日通过澳大利亚国务院鼓励州和地区政府在2016年7月1日起所有政府建筑采购要求使用基于开放标准的全三维协同的BIM平台。日本、韩国和新加坡也在大力提高本国的建筑信息标准技术。比如,新加坡政府的电子审图系统是BIM标准在电子政务中应用的最好实例,从2010年开始新加坡所有公共工程全面以BIM设计施工,并要求在2015年所有的公、私建筑均以BIM送审及建造。韩国政府已成立全国性的BIM发展专案计划,并由庆熙大学开发基于BIM的eQBQ(e-Quick Budget Quantity)系统,该国实施BIM标准的具体计划是:在2012～2015年间全部大型工程项目都采用基于BIM的4D技术(3D几何模型附加成本管理),在2016年前实现全部公共工程应用BIM技术。日本政府鼓励企业和院校积极参与BIM标准数据模型扩展工作,其国家建筑协会已经推出了符合本国特色的BIM标准手册,用以指导BIM在实际工程中的应用。中国香港地区由香港房屋委员会制定BIM标准和实施指南,自2006年起已在超过19个房屋发展项目中的不同阶段(由可行性研究阶段到施工阶段)应用了BIM技术,从2014～2016年间将BIM应用作为所有房屋项目的设计标准。中国台湾地区主要由台湾营建署参与BIM标准的制定和推广工作,台湾大学土木工程学系成立"工程咨询模拟与管理研究中心(简称BIM研究中心)"用以促进BIM相关技术应用的经验交流、成果分享和产学研合作等。

中国大陆BIM标准的制定是从2012年初开始的,提出了分专业、分阶段和分项目的P-BIM概念,将BIM标准的制定分为三个层次,并由标准承担单位中国建筑科学研究院牵头筹资一千万元成立了"中国BIM发展联盟",旨在全面推广BIM技术在中国的应用。为了推动中国建筑业信息化的发展,住房和城乡建设部在《2016—2020年建筑业信息化发展纲要》中明确提出,在"十三五"期间基本实现建筑企业信息系统的普及应用,加快建筑信息模型(BIM)等新技术在工程中的应用。

### 1.1.2　信息化发展存在的问题

信息技术的运用势必会成为改造和提升传统建筑业向技术密集型和知识密集型方向发展的突破口,并带来行业的振兴和创新,提高建筑企业的综合竞争力。中国在二十多年前就开始建筑行业的信息化改造,到目前为止,已经有很多建筑企业开发了自己的信息管理系统,其中部分管理先进的企业已经初步实现了企业信息化的建设。然而,与国外发达国家和其他行业相比,中国建筑业信息化发展尚存差距。除了存在管理体制、基础设施、资金投入和技术人才等方面的问题以外,直接影响信息化应用效果和发展水平的主要原因如下。

**1. 工程生命期不同阶段的信息断层**

在设计企业中,虽然已实现了软件设计和计算机出图,但是行业中各主体间(如业主、设计方、施工方和运营维护方）的信息交流还是基于纸介质，所生成的数据文档在建筑和结构等各专业之间以及其后的施工、监理和物业管理中很少甚至未能得到利用。这种方式导致工程生命期不同阶段的信息断层，造成许多基础工作在各个生产环节重复出现，降低了生产效率，使成本费用上升。

**2.建设过程中信息分布离散**

工程项目的参与者涉及多个专业，包括勘测、规划设计、施工、造价和管理等专业，众多参与专业各自独立，而且各专业使用的软件并不完全相同。随着建设规模日益扩大，技术复杂程度不断提高，工程建设的分工越来越细，一项大型工程可能会涉及几十个专业和工种。这种分散的操作模式和按专业需求进行的松散组合，导致工程项目实施过程中产生的信息来自众多参与方，形成了多个工程数据源。目前，建筑领域各专业之间的数据信息交换和共享是很不理想的，从而不能满足现代建筑信息化的发展需要，阻碍了行业生产效率的提高。

**3.应用软件中的信息孤岛**

工程项目的生命期很长，一项工程从规划开始到最后报废，均属于生命期范围内，这个过程一般持续几十年甚至上百年。在这个过程中免不了会出现业主更替、软件更新和规范变化等情况，而目前行业应用软件只是涉及工程生命期某个阶段的、某个专业的局部应用。在工程项目实施的各个阶段，甚至在一个工程阶段的不同环节，计算机的应用系统都是相互孤立的，这就导致项目初期建立的建筑信息数据随着生命期的发展难以全面交换和共享，从而导致严重的信息孤岛现象。

**4.交流过程中的信息损失**

当前的设计方法主要是使用抽象的二维图形和表格来表达设计方案和设计结果，这种二维图形、表格中包含了许多约定的符号和标记，用于表示特定的设计含义和专业术语。虽然这些符号和标记为专业技术人员所熟知，但仅仅依赖这些二维图表仍然难以全面描述设计对象的工程信息，更难以表述设计对象之间复杂的关系。同时这些抽象的二维图表所代表的工程意义也难以被计算机语言识别，给计算机自动化处理带来了很大的困难。在工程项目不同阶段传输和交流时，非常容易导致信息歧义、失真和错误，会不可避免地产生信息交流损失，如图1-1所示。

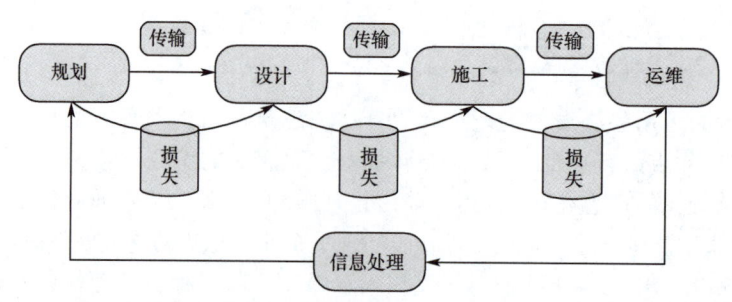

图1-1 交流过程中的信息损失

**5.缺少统一的信息交换标准，信息集成平台落后**

目前，建筑领域的应用软件和系统基本上都是一些孤立和封闭的系统，开发时并没有遵循统一的数据定义和描述规范,而以其系统自定义的数据格式来描述和保存系统处理结果。虽然目前也有部分集成化软件能在企业内部不同专业间实现数据的交流和传递,但设计过程中可能出现的各专业间协调问题仍然无法解决。由于缺乏统一的信息交换标准和集成的协同工作平台,信息很难被直接再利用,需要消耗大量的人力和时间来进行数据转换,造成了很长的集成周期和较高的集成成本。

此外,中国建筑业在规划、设计阶段广泛应用的是二维 CAD 技术,虽然部分应用三维 CAD 技术,但现有应用系统的开发都是基于几何数据模型,主要通过图形信息交换格式进行数据交流。这种几何信息集成即使得以实现,所能传递和共享的也只是工程的几何数据,相关的勘探、结构、材料以及施工等工程信息仍然无法直接交流,也无法实现设计、施工管理等过程的一体化。而且各阶段应用系统基本上还是基于静态的二维图形环境或文本操作平台,设计结果和信息表达主要是利用二维图形与表格,缺乏集成化的工程信息管理平台。

### 1.1.3　BIM 与信息化

在过去的三十多年中,计算机辅助设计 CAD 技术的普及和推广使得建筑师、结构工程师们摆脱手工绘图,走向电子绘图,但是 CAD 毕竟只是一种二维的图形格式,并没有从根本上脱离手工绘图的思路。另外,基于二维图形信息格式容易导致交换过程中产生大量非图形信息的丢失(图 1-2),这给提高建筑业的生产效率、减少资源浪费和开展协同工作等方面带来很大的障碍。在相当长的一段时期,建筑工程软件之间的信息交换是杂乱无章的,一个软件必须输出多种数据格式,也就是建立与多种软件之间的接口,而其中任何一个软件的变动,都需要重新编写接口程序。这种工作量和效率使得很多软件公司都设想能够通过一种共同的模型,来实现各软件之间的信息交换。

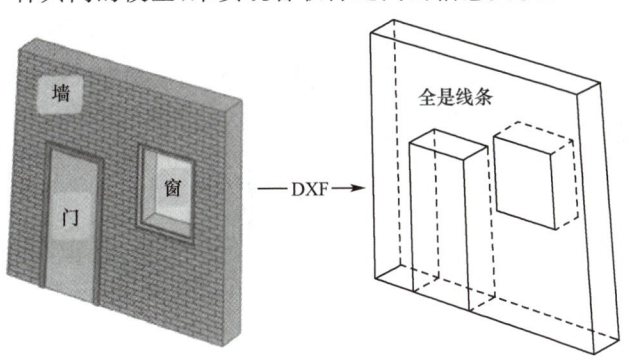

图 1-2　基于二维图形格式交换的缺陷

随着信息技术的不断发展,单纯的二维图像信息已经不能满足人们的需要,人们在进行建筑信息处理的过程中发现许多非图形信息比单纯的图形信息更重要。虽然随着 AutoCAD 版本的不断更新,DWG 格式已经开始承载更多的超出传统绘图纸的功能,但是,这种对 DWG 格式的小范围的改进还远远不够。

1995 年 9 月,北美建立了国际互协作组织(International Alliance for

Interoperability,IAI),其最初目的是研讨实现行业中不同专业应用软件协同工作的可能性。由于 IAI 的名称令人难以理解,2005 年,挪威举行的 IAI 执行委员会会议上,IAI 被正式更名为 buildingSMART,致力于在全球范围内推广和应用 BIM 技术及其相关标准。目前 buildingSMART 已经从最初局限于北美和欧洲的区域性组织发展到如今遍布全球 26 个国家和地区的开放性国际组织。buildingSMART 组织的目标是提供一种稳定发展的、贯穿工程生命期的数据信息交换和互协作模型,图 1-3 中箭头方向为从规划阶段到运维等阶段的各种数据信息的发展,其最终宗旨是在建筑全生命期范围内改善信息交流、提高生产力、缩短交付时间、降低成本以及提高产品质量,如图 1-4 所示。

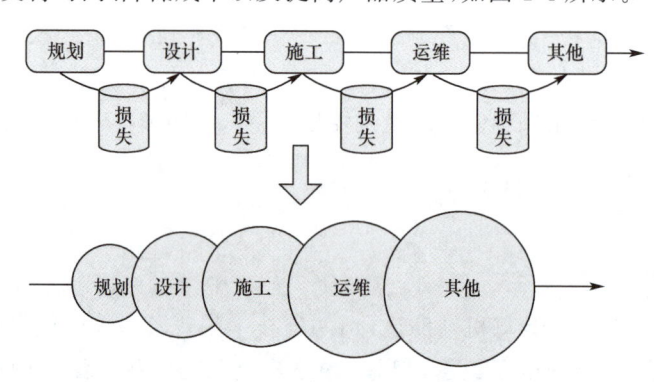

图 1-3 buildingSMART 的目标

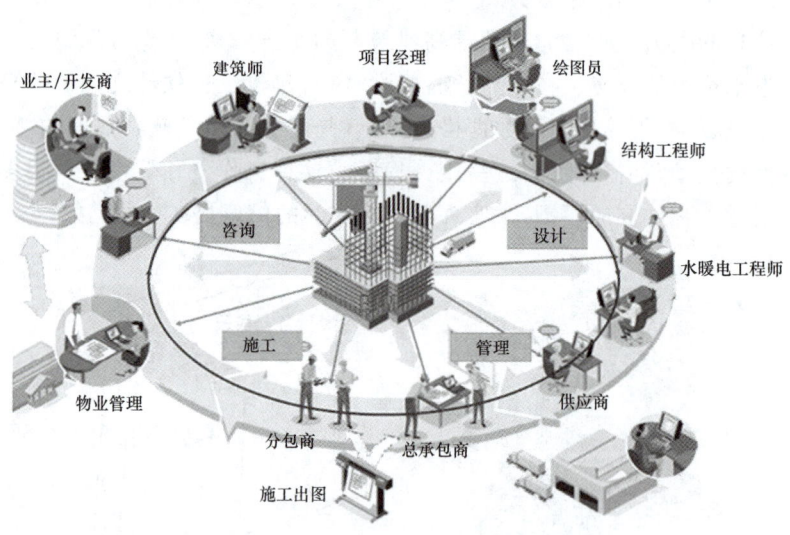

图 1-4 buildingSMART 数据共享环形图

自 2002 年以来,随着 IFC(Industry Foundation Classes)标准的不断发展和完善,国际建筑业兴起了围绕 BIM 的建筑信息化的研究。在工程生命期的几个主要阶段,比如规划、设计、施工和运维等,BIM 对于改善数据信息集成方法、加快决策速度、降低项目成本和提高产品质量等方面起到了非常重要的作用。同时,BIM 可以促进各种有效信息在工程项目的不同阶段、不同专业间实现交换和共享,从而提高建筑业的生产效率,促进整个行业信息化的发展。

## 1.2 BIM 的概念和发展

### 1.2.1 BIM 的定义

在前文中,多次出现 BIM 一词,那么 BIM 的含义究竟是什么呢?我们首先对 BIM 的三种解释加以区别,见表 1-1。

表 1-1　　　　　　　　　　　　　BIM 的三种解释

| BIM | 解释 |
| --- | --- |
| Building Information Model | 是建设工程(如建筑、桥梁、道路)及其设施的物理和功能特性的数字化表达,可以作为该工程项目相关信息的共享知识资源,为项目全生命期内的各种决策提供可靠的信息支持 |
| Building Information Modeling | 是创建和利用工程项目数据在其全生命期内进行设计、施工和运营的业务过程,允许所有项目相关方通过不同技术平台之间的数据互用,在同一时间利用相同的信息 |
| Building Information Management | 是使用模型内的信息支持工程项目全生命期信息共享的业务流程的组织和控制,其效益包括集中和可视化沟通、更早进行多方案比较、可持续性分析、高效设计、多专业集成、施工现场控制和竣工资料记录等 |

世界各地的学者对 BIM 有多种定义,美国国家 BIM 标准将其描述为"一种对项目自然属性及功能特征的参数化表达"。因为具有如下特性,BIM 被认为是应对传统 AEC 产业(architecture,建筑;engineering,工程;construction,建造)所面临挑战的较有潜力的解决方案。首先,BIM 可以存储实体所附加的全部信息,这是 BIM 工具得以进一步对建筑模型开展分析运算(如结构分析、进度计划分析)的基础;其次,BIM 可以在项目全生命周期内实现不同 BIM 应用软件间的数据交互,方便使用者在不同阶段完成 BIM 信息的插入、提取、更新和修改,这极大增强了不同项目参与者间的交流合作,并大大提高了项目参与者的工作效率。因此,近年来 BIM 在工程建设领域的应用越来越引人注意。

BIM 之父 Chuck Eastman 在 2011 年提出 BIM 中应当存储与项目相关的精确几何特征及数据,用来支持项目的设计、采购、制造和施工活动。他认为,BIM 的主要特征是将含有项目全部构件特征的完整模型存储在单一文件里,任何有关于单一模型构件的改动都将自动按一定规则改变与该构件有关的数据和图像。BIM 建模过程允许使用者创建并自动更新项目所有相关文件,与项目相关的所有信息都作为参数附加给相关的项目元件。

Taylor 和 Bernstein 认为 BIM 是一种与建筑产业相关联的应用参数化、过程化定义的全新 3D 仿真技术。BIM 曾经被 Tse 定义为可以使 3D 模型上的实体信息实现在项目全生命周期任意存取的工程技术环境。Manning 和 Messner 认为 BIM 是一种对建筑物特征及其相关信息进行的数字化和可视化表达。Chau 等人认为 BIM 可以通过提供对项目未来情况的可视化和细节化模拟来帮助项目建设者做建设决定，BIM 是一种帮助建设者有效管理和执行项目建设计划的工具。波兰的 Kacprzyk 和 Kepa 认为，建筑信息模型是一种允许工程师在建筑的全生命周期内构筑并修改的建筑模型。这意味着从开发商产生关于某一特定建筑的概念性设想开始，直到该建筑使用期结束被拆除，工程师都可以通过 BIM 技术不断对该建筑的模型进行调试与修正。通过传统图纸与现代三维模型间的信息交换，同时将大量额外建筑信息附加给三维模型，使上述设想得以实现。

2016 年，我国国家标准(GB/T 51212—2016)《建筑信息模型应用统一标准》颁布，对 BIM 的定义是：建筑信息模型(Building Information Model)在建设工程及设施全生命期内，对其物理和功能特性进行数字化表达，并依此设计、施工、运营的过程和结果的总称，简称模型。

现阶段，世界各国对 BIM 的定义仍在不断丰富和发展，BIM 的应用阶段已经扩展到了项目整个生命周期的运营管理。此外，BIM 的应用也不仅仅局限于建筑领域，在基础设施领域也可发挥巨大的作用已是不争的事实。

上述列举出世界各地给出的不同 BIM 定义，其实 BIM 的出现和发展离不开我们熟悉的 CAD 技术，BIM 是 CAD 技术的一部分，是二维到三维形式发展的必然过程。目前普遍认可的、较全面的、完善的关于 BIM 的定义，如下：

BIM(Building Information Modeling)是以三维数字技术为基础，集成了各种相关信息的工程数据模型，可以为设计、施工和运营提供相协调且内部保持一致的项目全生命周期信息化过程管理。麦克格劳·希尔建筑信息公司(McGraw Hill，2015 年已更名为 Dodge Data & Analytics)对建筑信息模型的进一步说明为：创建并利用数字模型对项目进行设计、建造及运营管理的过程，即利用计算机三维软件工具，创建建筑工程项目的完整数字模型，并在该模型中包含详细工程信息，能够将这些模型和信息应用于建筑工程的设计过程、施工管理、物业和运营管理等全建筑生命周期管理(Building Lifecycle Management，BLM)过程中。

### 1.2.2　BIM 的相关术语

按照在建筑全生命周期中应用阶段的不同，BIM 可分为如下五种类型：

(1)BIM3D：这是 BIM 最基本的形式。它仅用于制作与构件材料相关联的建筑信息文件。BIM3D 不同于 CAD3D，在 BIM 中建筑必须被分解为有特定实体的功能构件。

(2)BIM4D：作为对基础 BIM3D 的补充，加入其中的第四个维度是时间维度。模型中的每一个构件都含有与自身被建造及拆除日期有关的信息。

(3)BIM5D：每一个施工任务的成本信息组成了 BIM 模型的第五个维度。

(4)BIM6D：有关建筑的质量分析构成了 BIM 模型的第六个维度。

(5)BIM7D：最后一个维度是关于建筑维修使用情况的模型，目前还没有软件可以实现这一功能。

### 1.2.3 BIM 发展的"三阶段"

在计算机和 CAD 技术普及之前,工程设计行业在设计时均采用图板和丁字尺的方式手工完成各专业图纸的绘图工作,这项工作被形象地称为"趴图板"。如图 1-5 所示为手工绘图时代的"趴图板"工作场景。手工绘图时代绘图工作量大、图纸修改和变更困难、图纸可重复利用率低。随着个人计算机的普及以及 CAD 软件的普及,手工绘图的工作方式已逐渐被 CAD 绘图方式所取代。

图 1-5 手工绘图时代的"趴图板"工作场景

"甩图板"是我国工程建设行业 20 世纪 90 年代最重要的一次信息化过程。通过"甩图板"实现了工程建设行业由绘图板、丁字尺和针管笔等手工绘图方式提升为现代化的、高精度的 CAD 制图方式。以 AutoCAD 为代表的 CAD 类工具的普及应用,以及以 PKPM、ANSYS 和 ABAQUS 等为代表的 CAE 工具的普及,极大地提高了工程行业制图、修改和管理效率,提升了工程建设行业的发展水平。图 1-6 为在 AutoCAD 软件中完成的建筑设计的一部分。

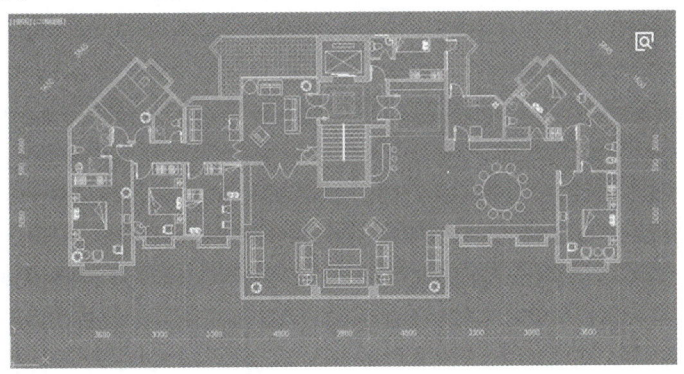

图 1-6 CAD 软件制图

现代工程建设项目的规模、形态和功能越来越复杂。高度复杂化的工程建设项目再次向以 AutoCAD 为主体,以工程图纸为核心的设计和工程管理模式提出了挑战。随着计算机软件和硬件水平的发展,以工程数字模型为核心的全新的设计和管理模式逐步进入人们的视野,于是以 BIM 为核心的软件和方法开始逐渐走进工程领域。

1975 年,佐治亚理工大学 Chuck Eastman 教授在 AIA(美国建筑师协会)发表的论文中提出了一种名为建筑描述系统(Building Description System,BDS)的工作模式,该模式中包含了参数化设计、由三维模型生成二维图纸、可视化交互式数据分析和施工组织计划与材料计划等功能。各国学者围绕 BDS 概念进行研究，后来在美国将该系统称为建筑产品模型(Building Product Models，BPM)，在欧洲被称为产品信息模型(Product Information Models，PIM)。经过多年的研究与发展，学术界整合 BPM 与 PIM 的研究成果，提出建筑信息模型的概念。1986 年由属于 Autodesk 研究院的 Robert Aish 最终将其定义为建筑模型(Building Modeling，BM)，并沿用至今。

2002 年，时任 Autodesk 公司副总裁的菲利普·伯恩斯坦首次将 BIM 概念商业化随 Autodesk Revit 产品一并推广。图 1-7 为在 Autodesk Revit 软件中进行建筑设计的场景。与 CAD 技术相比，基于 BIM 技术的软件已将设计提升至所见即所得的模式。

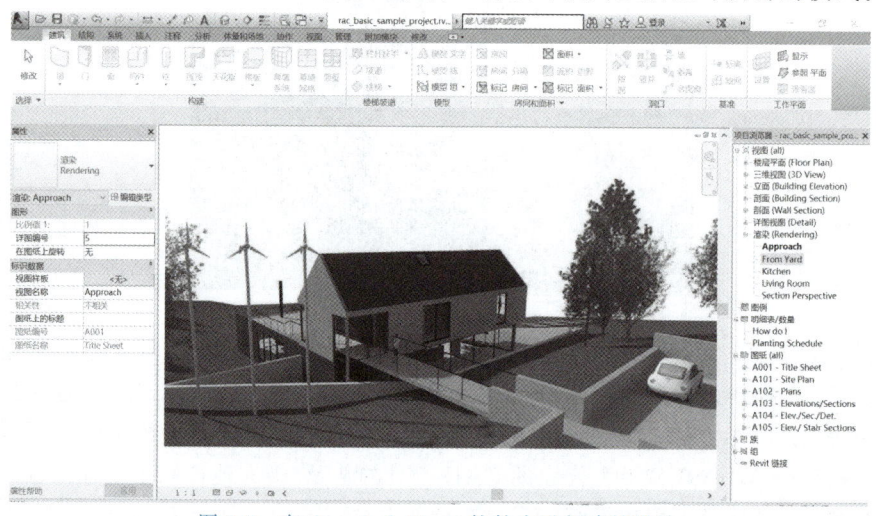

图 1-7　在 Autodesk Revit 软件中进行建筑设计

利用 Autodesk Revit 软件进行设计，可由三维建筑模型自动产生所需要的平面图纸、立面图纸等所有设计信息，且所有的信息均通过 Autodesk Revit 自动进行关联，大大增强了设计修改和变更的效率，因此人们认为 BIM 技术是继建筑 CAD 之后下一代的建筑设计技术。在 CAD 时代，设计师需要分别绘制出不同的视图，当其中一个元素改变时，其他与之相关的元素都要逐个修改。比如，当我们需要改变其中一扇门的类型时，CAD 需要逐个修改平面、立面和剖面等相关图纸。而 BIM 中的不同视图是从同一个模型中得到的，改变其中一扇门的类型时只需要在 BIM 模型中修改相应的构件就行了，BIM 实现的就是高度统一与自动化每个单项的调整，不再需要设计师逐个修改，只需修改唯一的模型。用图形来表示 CAD 与 BIM 的关系，如图 1-8 所示，CAD 做 CAD 的事情，BIM 做 BIM 的事情，中间过渡部分就是 BIM 建立在 CAD 平台上的专业软件应用。图 1-9 表示理想的 BIM 环境，这个时候 CAD 能做的事情就是 BIM 能做的事情的一个子集。

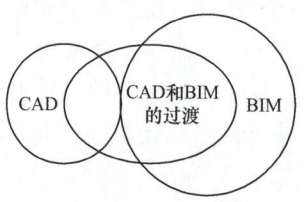

图 1-8　CAD 与 BIM 的关系　　图 1-9　理想的 BIM 环境

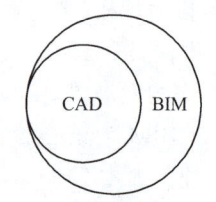

### 1.2.4　BIM 国内应用现状

香港和台湾最早接触了 BIM 技术,自 2006 年起,香港房屋署率先试用建筑信息模型,并且为了推行 BIM,于 2009 年自行订立 BIM 标准和用户指南等。同年,还成立了香港 BIM 学会。

2007 年台湾大学也开始加入了研究建筑信息模型(BIM)的行列。还与 Autodesk 签订了产学合作协议;2008 年起,"BIM"这个词引起了台湾建筑营建业的高度关注。

在台湾,一些实力雄厚的大型企业已经在企业内部推广使用 BIM,并有大量的成功案例,台湾几所知名大学,如台湾大学和台湾交通大学等也对 BIM 进行了广泛、深入的研究,推动了对于 BIM 的认知和应用。

2006~2012 年,国内有部分规模较大的设计或者咨询公司有应用 BIM 的项目经验,比如 CCDI、上海现代设计集团和中国建筑设计研究院等,上海中心(图 1-10)、水立方、鸟巢和上海世博馆等国家级重大工程成为应用 BIM 技术的经典之作。

2013~2020 年,BIM 技术如雨后春笋般遍布在国内各个工程项目上,被人们熟知的中国尊(图 1-11)、港珠澳大桥(图 1-12)、天津 117 大厦、广州东塔及首都新机场等工程均应用 BIM 技术。除了体量巨大、结构复杂的标志性工程广泛应用 BIM 技术外,越来越多的房屋建筑和基础设施工程都在普遍应用 BIM 技术,BIM 技术逐渐从项目的稀缺品变为必需品。

图 1-10　上海中心　　　　图 1-11　中国尊

图 1-12　港珠澳大桥

在我国，BIM技术在建筑业的高效性也引起国家相关部门的高度重视。

2011年5月，住房和城乡建设部发布的《2011—2015建筑业信息化发展纲要》明确指出：在施工阶段开展BIM技术的研究与应用，推进BIM技术从设计阶段向施工阶段的应用延伸，降低信息传递过程中的衰减；研究基于BIM技术的4D项目管理信息系统在大型复杂工程施工过程中的应用，实现对建筑工程有效的可视化管理等。

2012年1月，住房和城乡建设部下发的《关于工程建设标准规范制订修订计划的通知》，宣告了中国BIM标准制定工作的正式启动。

2015年6月，住房和城乡建设部下发的《关于推进建筑信息模型应用指导意见》明确指出：到2020年末，建筑行业甲级勘察、设计单位以及特级、一级房屋建筑工程施工企业应掌握并实现BIM与企业管理系统和其他信息技术的一体化集成应用。到2020年末，以下新立项项目勘察设计、施工及运营维护中，集成应用BIM的项目比率达到90%：以国有资金投资为主的大中型建筑、申报绿色建筑的公共建筑和绿色生态示范小区。

2016年8月，住房和城乡建设部发布的《2016—2020建筑业信息化发展纲要》再一次明确指出："勘察设计类企业加快BIM普及应用，实现勘察设计技术升级。普及应用BIM设计方案的性能和功能模拟分析、优化、绘图、审查，以及成果交付和可视化沟通，提高设计质量。"推广基于BIM的协同设计，开展多专业间的数据共享和协同，优化设计流程，提高设计质量和效率，研究开发基于BIM的集成设计系统及协同工作系统实现建筑、结构和水暖电等专业的信息集成与共享。施工类企业应研究BIM应用条件下的施工管理模式和协同工作机制，建立基于BIM的项目管理信息系统。

2017年4月，住房和城乡建设部发布的《建筑业发展"十三五"规划》中明确指出：加快推进建筑信息模型（BIM）技术在规划、工程勘察设计、施工和运营维护全过程的集成应用，支持基于具有自主知识产权三维图形平台的国产BIM软件的研发和推广使用。

2020年7月，住房和城乡建设部、国家发展改革委、科学技术部等13个部门联合印发了《关于推动智能建造与建筑工业化协同发展的指导意见》（以下简称《指导意见》），指出要以大力发展建筑工业化为载体，以数字化、智能化升级为动力，创新突破相关核心技术，加大智能建造在工程建设各环节的应用，形成涵盖科研、设计、生产加工、施工装配、运营等全产业链融合一体的智能建造产业体系。《指导意见》明确指出，到2025年，我国智能建造与建筑工业化协同发展的政策体系和产业体系基本建立，建筑工业化、数字化、智能化水平显著提高，建筑产业互联网平台初步建立，产业基础、技术装备、科技创新能力以及建筑质量安全水平全面提升，劳动生产率明显提高，能源资源消耗及污染排放量大幅下降，环境保护效应显著。推动形成一批智能建造龙头企业，引领并带动广大中小企业向智能建造转型升级，打造"中国建造"升级版。到2035年，我国智能建造与建筑工业化协同发展取得显著进展，企业创新能力大幅提升，产业整体优势明显增强，"中国建造"核心竞争力世界领先，建筑工业化全面实现，迈入智能建造世界强国行列。

2020年9月，住房和城乡建设部、教育部、科学技术部、工业和信息化部、自然资源部、生态环境部、中国人民银行、国家市场监督管理总局、中国银行保险监督管理委员会九部门发布《关于加快新型建筑工业化发展的若干意见》（以下简称《意见》）。《意见》提出加强系统化集成设计、优化构件和部品部件生产、推广精益化施工、加快信息技术融合发展、创新组织管理模式、强化科技支撑、加快专业人才培育、开展新型建筑工业化项目评价、加大政策扶持力度等9方面共37条意见。《意见》指出,新型建筑工业化是通过新一代信息技术驱动,以工程全生命期系统化集成设计、精益化生产施工为主要手段,整合工程全产业链、价值链和创新链,实现工程建设高效益、高质量、低消耗、低排放的建筑工业化。在加快信息技术融合发展方面,《意见》要求,大力推广建筑信息模型(BIM)技术。加快推进BIM技术在新型建筑工业化全生命期的一体化集成应用。

近几年来,随着国外建筑市场的冲击以及国家政策的推动,国内产业界的许多大型企业为了提高国际竞争力,都在积极探索使用BIM,某些建设项目招标时将对BIM的要求写入招标合同,BIM逐渐成为企业参与项目的一道门槛。目前,一些大中型设计企业已经组建了自己的BIM团队,并不断积累实践经验。施工企业虽然起步较晚,但也一直在摸索中前进,并取得了一定的成果。

BIM技术将在我国建筑业信息化道路上发挥举足轻重的作用,通过BIM应用技术将改变我国造价管理失控的现状,增强企业与同行业之间的竞争力,实现我国建筑行业乃至经济的可持续发展。BIM技术不仅带来现有技术的进步和更新换代,实现建筑业跨越式发展,它还间接影响了生产组织模式和管理方式,并将更长远地影响人们的思维方式。

## 1.3　BIM的应用价值

随着BIM相关机构的不断发展和完善,BIM技术在建设项目中得到了广泛的应用。如今,BIM已经涵盖了项目的全生命周期,一些设计和施工单位在探索应用BIM技术时也体会到了很多的好处,下面概要性列举几点BIM的应用价值。

### 1.3.1　可行性研究与规划

BIM对于可行性研究阶段建设项目在技术和经济上的可行性论证提供了帮助,提高了论证结果的准确性和可靠性。在可行性研究阶段,业主需要确定出建设项目方案在满足类型、质量和功能等要求下是否具有技术和经济可行性。但是,如果想得到可靠性高的论证结果,需要花费大量的时间、金钱与精力。BIM可以为业主提供概要模型(Macro or Schematic Model)对建设项目方案进行分析和模拟,从而为整个项目的建设降低成本、缩短工期并提高质量。

城市规划从大范围层次来讲是对一定时期内整个城市或城市某个区域的经济和社会发展、土地利用、空间布局的计划和管理,从小的层次来讲是对建设过程中某个具体项目的综合部署、具体安排和实施管理。城市规划领域目前是以CAD和GIS作为主要支撑平台进行规划的,三维仿真系统是目前城市规划领域应用最多的管理平台。未来城市规划的主要发展方向是规划管理数据多平台共享、办公系统三维或多维化和内部OA系统与办公系统集成等。但是目前传统的三维仿真系统并没有做到模型信息的集成化,三维模型的信息往往是通过外接数据库实现更新、查找和统计等功能,并且没有实现模型信息的多维度应用。

BIM对促进未来更智能化的"数字化城市"发展具有极大的价值,将BIM引入城市规划三维平台中,将可以完全实现目前三维仿真系统无法实现的多维度应用,特别是城市规划方案的性能分析。这可以解决传统城市规划编制和管理方法无法量化的问题,诸如舒适度、空气流动性和噪声云图等指标,这对于城市规划无疑是一件很有意义的事情。BIM的性能分析通过与传统规划方案的设计、评审结合起来,将会对城市规划的多指标量化、编制科学化和城市规划可持续发展产生积极的影响。另外,将BIM引入城市规划的地上、地下一体化三维管理系统中也是研究城市空间三维可视化的关键技术,为城市规划地上空间和地下空间的关系以及地理信息管理与社会化服务系统的建立提供原型,为城市规划、建设和管理提供三维可视化平台。此系统可服务于城市建设、城市地质工作,对促进"数字化城市"的进步、提高城市规划管理层次和推动城市地质科学的发展也具有重要的战略意义。

建设项目规划阶段的主要内容包括:①根据所在地区发展的长远规划,提出项目建议书,选定建设地点;②在试验、调查研究和技术经济论证的基础上编制可行性研究报告;③根据咨询评估情况,对建设项目进行决策。项目规划的重要内容是对可行性研究报告的评估和编制,往往要进行多学科的论证,涉及许多专业学科,所以较大项目的可行性研究组,需要配有工业经济、技术经济、工艺、土建、财会、系统工程以及程序设计等方面的专家。将BIM引入项目的规划阶段,形成统一的规划阶段的项目初始数据模型,可以为下一环节的项目设计提供基础数据。同时,利用BIM的各种专业分析软件,分析和统计规划项目的各项性能指标,实现规划从定性到定量的转变,充分利用BIM的参数化设计优势,结合现有的GIS技术、CAD技术和可视化技术,科学辅助项目的策划、研究、设计、审批和规划管理。

### 1.3.2 协同设计

对于传统CAD时代存在于建设项目设计阶段的2D图纸冗繁、错误率高、变更频繁和协作沟通困难等缺点,BIM所带来的优势明显。

**1. 保证概念设计阶段决策正确**

在概念设计阶段,设计人员需要对拟建项目的选址、方位、外形、结构形式、耗能与可持续发展、施工与运营概算等问题做出决策,BIM技术可以对各种不同的方案进行模拟与分析,且为集合更多的参与方投入该阶段提供了平台,使做出的分析决策早期得到反馈,保证了决策的正确性与可操作性。

**2. 更加快捷与准确地绘制3D模型**

不同于CAD技术的3D模型需要由多个2D平面图共同创建,BIM软件可以直接在3D平台上绘制3D模型,并且所需的任何平面视图都可以由该3D模型生成,准确性更高且直观快捷,为业主、施工方、预制方和设备供应方等项目参与人的沟通协调提供了平台。

**3. 多个系统的设计协作进行,提高设计质量**

对于传统建设项目设计模式,各专业包括建筑、结构、暖通、机械、电气、通信和消防等设计之间的矛盾冲突极易出现且难以解决,而 BIM 整体参数模型可以对建设项目的各系统进行空间协调,消除碰撞冲突,大大缩短了设计时间且减少了设计错误与漏洞。同时,结合运用与 BIM 建模工具具有相关性的分析软件,可以就拟建项目的结构合理性、空气流通性、光照温度控制、隔音隔热、供水和废水处理等多个方面进行分析,并基于分析结果不断完善 BIM 模型。

#### 4.对于设计变更可以灵活应对

BIM 整体参数模型自动更新的法则可以让项目参与方灵活应对设计变更,减少如施工人员与设计人员所持图纸不一致等情况。对于施工平面图的一个细节变动,比如 Revit 软件将自动在立面图、截面图、3D 界面、图纸信息列表、工期和预算等所有相关联的地方做出更新修改。

#### 5.提高可施工性

设计图纸的实际可施工性(constructability)是建设项目经常遇到的问题。由于专业化程度的提高及绝大多数建设工程所采用的设计与施工分别承发包模式的局限性,设计与施工人员之间的交流甚少,加之很多设计人员缺乏施工经验,极易导致施工人员难以甚至无法按照设计图纸进行施工。BIM 可以通过提供 3D 平台加强设计与施工人员的交流,让有经验的施工管理人员参与到设计阶段,早期植入可施工性理念,更深入地推广新的工程项目管理模式,如集成化项目交付(Integrated Project Delivery,IPD)模式,以解决可施工性的问题。

#### 6.为精确化预算提供便利

在设计的任何阶段,BIM 技术都可以按照定额计价模式给出当前 BIM 模型的工程量的总概算。随着初步设计的深化,项目各个方面如建设规模、结构性质和设备类型等均会发生变动与修改,BIM 模型平台导出的工程概算可以在签订招投标合同之前给项目各参与方提供决策参考,也为最终的设计概算提供了基础。

#### 7.有利于低能耗与可持续发展

在设计初期,利用与 BIM 模型具有互用性的能耗分析软件就可以为设计注入低能耗与可持续发展的理念,这是传统的 2D 技术所不能实现的。传统的 2D 技术只能在设计完成之后利用独立的能耗分析工具介入,这就大大减少了修改设计以满足低能耗需求的可能性。除此之外,各类与 BIM 模型具有互用性的其他软件都在提高建设项目整体质量上发挥了重要作用。

### 1.3.3 施 工

对于传统 CAD 时代存在于建设项目施工阶段的 2D 图纸可施工性低、施工质量不能保证、工期进度拖延和工作效率低等缺点,BIM 也有诸多优势。

#### 1.施工前改正设计错误与漏洞

在传统 CAD 时代,各系统间的冲突碰撞很难在 2D 图纸上识别,往往直到施工进行了一定阶段才被发觉,然后不得已返工或重新设计。BIM 模型可将各系统的设计整合在一起,系统间的冲突一目了然,所以可以在施工前改正解决,这样既加快了施工进度又减少了浪费,甚至很大程度上减少了各专业人员间起纠纷的情况。

**2.4D 施工模拟、优化施工方案**

BIM 技术将与 BIM 模型具有互用性的 4D 软件、项目施工进度计划与 BIM 模型连接起来,以动态的三维模式模拟整个施工过程与施工现场,能及时发现潜在问题和优化施工方案(包括场地、人员、设备、空间冲突和安全问题等)。同时,4D 施工模拟还包含了如起重机、脚手架和大型设备等的进出场时间,为节约成本、优化整体进度安排提供了帮助。

**3.BIM 模型是预制加工工业化的基石**

细节化的构件模型(Shop Model)可以由 BIM 设计模型生成,用来指导预制生产与施工。由于构件是以 3D 的形式创建的,这就便于数控机械化自动生产。当前,这种自动化的生产模式已经成功运用在钢结构加工与制造和金属板制造等方面,从而可以生产预制构件和玻璃构件等。这种模式方便供应商根据设计模型对所需构件进行细节化的设计与制造,准确性高且缩减了造价与工期;同时,消除了利用 2D 图纸施工时由于周围构件与环境的不确定性导致构件无法安装甚至重新制造的隐患。

**4.使精益化施工成为可能**

由于 BIM 参数模型提供的信息中包含了每一项工作所需的资源,包括人员、材料和设备等,所以其为总承包商与各分包商之间的协作提供了基石,最大化地保证资源准时管理、削减不必要的库存管理工作、减少无用的等待时间和提高生产效率。

### 1.3.4 运维管理

BIM 参数模型可以为业主提供建设项目中所有系统的信息,在施工阶段做出的修改将全部同步更新到 BIM 参数模型中形成最终的 BIM 竣工模型。该竣工模型作为各种设备管理的数据库为系统的运营维护提供依据。此外,BIM 可同步提供有关建筑使用情况或性能、入住人员与容量、建筑已用时间以及建筑财务方面的信息。同时,BIM 可提供数字更新记录,并改善搬迁规划与管理。BIM 还促进了标准建筑模型对商业场地条件(例如零售业场地,这些场地需要在许多不同地点建造相似的建筑)的适应。有关建筑的物理信息(例如,完工情况、承租人或部门分配、家具和设备库存)和关于可出租面积、租赁收入或部门成本分配的重要财务数据都更加易于管理和使用。稳定访问这些类型的信息可以提高建筑运营过程中的收益与成本管理水平。

目前,工程设计中创建的数字化模型数据库的核心部分主要是实体和构件的基本数据,很少涉及技术、经济、管理及其他方面。随着信息化技术在建筑行业的深入和发展,将会有越来越多的软件,如概预算软件、进度计划软件、采购软件和工程管理软件等利用信息模型中的基础数据,在各自的工作环节中产生相应的工程数据,并将这些数据整合到最初的模型中,对工程信息模型进行补充和完善。在项目实施的整个过程中,自始至终只有唯一的工程信息模型,且包含完整的工程数据信息。通过这个唯一的工程信息模型,可以提高运维阶段工程的使用性能和继续积累抵御各种自然灾害的数据信息,实现真正的工程生命周期内的管理和成本控制。另外,在建筑智能物业管理方面,综合运用信息技术、网络技术和自动化技术,建立基于 BIM 标准的建筑物业管理信息模型,可以实现物业管理阶段与设计阶段、施工阶段的信息交换与共享;通过建立的楼宇自动化系统集成平台,可对建筑设备进行监控和集成管理,实现具有集成性、交互性和动态性的智能化物业管理。

## 1.4 BIM 的特征和意义

### 1.4.1 BIM 的特征

从狭义的理解来看,BIM 是类似于 Revit 这样的对于 CAD 系统应用的替代。从广义的理解角度出发,BIM 是建筑全生命周期的管理方法,具有数据集成、建筑信息管理的作用。无论从哪个角度来理解,BIM 具有可视化、协调性、模拟性、优化性和可出图性五大特征,如图 1-13 所示。

图 1-13 BIM 的五大特征

(1)模型操作的可视化

三维模型是 BIM 技术的基础,因此可视化是 BIM 最显而易见的特征。在 BIM 软件中,所有的操作都是在三维可视化的环境下完成的,所有的建筑图纸、表格也都是基于 BIM 模型生成的。BIM 的可视化区别于传统建筑效果图,传统的建筑效果图一般仅针对建筑的外观或入户大堂等局部进行部分专业的模型表达,而在 BIM 模型中将提供包括建筑、结构、暖通和给排水等在内的完整的真实的数字模型,使建筑的表达更加真实,建筑可视化更加完善。

BIM 技术可视化操作以及可视化表达方式,将原本 2D 的图纸用 3D 可视化的方式展示出设施建设过程及各种互动关系,有利于提高沟通效率、降低成本和提高工程质量。

(2)模型信息的完备性

除了对工程对象进行 3D 几何信息和拓扑关系的描述,还包括完整的工程信息描述,如对象名称、结构类型、建筑材料、工程性能等设计信息,施工工序、进度、成本、质量以及人力、机械、材料资源等施工信息,工程安全性能、材料耐久性能等维护信息,对象之间的工程逻辑关系等。

信息的完备性还体现在创建建筑信息模型的过程中,设施的前期策划、设计、施工和运营维护各个阶段都被连接起来,把各个阶段产生的信息都存储在 BIM 模型中,使得 BIM 模型的信息不是单一的工程数据源,而是包含设施的所有信息。

信息完备的 BIM 模型可以为优化分析、模拟仿真和决策管理提供有力的基础支撑,例如体量分析、空间分析、采光分析、能耗分析、成本分析、碰撞检查、虚拟施工、紧急疏散模拟、进度计划安排和成本管理等。

(3)模型信息的关联性

信息模型中的对象是可识别且相互关联的,系统能够对模型的信息进行统计和分析,并生成相应的图形和文档。如果模型中的某个对象发生变化,与之关联的所有对象都会随之更新,以保持模型的完整性。

利用 BIM 技术可查看该项目的三维视图、平面图纸、统计表格和剖面图纸,并把这些内容自动关联在一起,存储在同一个项目文件中。在任何视图(平面、立面和剖面)上对模型的任何修改,都是对数据库的修改,会同时在其他相关联的视图或图表上进行更新并显示出来。

这种关联还体现在构件之间可以实现关联显示。例如门窗都是开在墙上的,如果把墙进行平移,墙上的窗也会跟着平移;如果将墙删除,墙上的门窗也会同时被删除,而不会出现门窗悬空的现象。这种关联显示、智能互动表明了 BIM 技术能够支撑对模型信息进行分析、计算,并生成相关的图形及文档。信息的关联性使 BIM 模型中各个构件及视图具有良好的协调性。

(4)模型信息的一致性

在建筑生命周期的不同阶段模型信息是一致的,同一信息不需要重复输入,而且信息模型能够自动演化,模型对象在不同阶段可以简单地进行修改和扩展,而不需要重新创建,避免了信息不一致的错误。

同时 BIM 支持 IFC 标准数据,可以实现 BIM 技术平台各专业软件间的强大数据互通,可以轻松实现多专业协同设计。利用 BIM 设备管线功能,基于三维协同设计模式创建水电站房内部机电设计模型。在设计过程中,由机电工程师直接导入、由土建工程师创建的厂房模型实现三维协同设计,并最终由机电工程师利用软件的视图和图纸功能完成水电站设计所需要的机电施工图纸,从而确保了各专业模型的信息一致。

模型信息一致性也为 BIM 技术提供了一个良好的信息共享环境,BIM 技术的应用打破了项目各参与方不同专业之间或不同品牌软件信息不一致的窘境,避免了各方信息交流过程的损耗或者部分信息的丢失,保证信息自始至终的一致性。

(5)模型信息的动态性

信息模型能够自动演化、动态描述生命周期各阶段的过程。BIM 将涉及工程项目的全生命周期管理的各个阶段,在工程项目全生命周期管理中,根据不同的需求可划分为 BIM 模型创建、BIM 模型共享和 BIM 模型管理三个不同的应用层面。

模型信息的动态性也说明了 BIM 技术的管理过程,在整个过程中不同阶段的信息动态输入输出,逐步完善 BIM 模型创建、BIM 模型共享应用和 BIM 模型管理应用的三大过程。

BIM 技术改变了传统建筑行业的生产模式,利用 BIM 模型在项目全生命周期中实现信息共享、可持续应用和动态应用等,为项目决策和管理提供可靠的信息基础、降低项目成本、提高项目质量和生产效率,进而为建筑行业信息化发展提供有力的技术支撑。

(6)模型信息的可扩展性

由于 BIM 模型需要贯穿设计、施工与运维的全生命周期,而不同的阶段不同角色的人需要不同的模型深度与信息深度,需要在工程中不断更新模型并加入新的信息。因此,

BIM 的模型和信息需要在不同的阶段具有一定深度并具有可扩展和调整的能力。我们把不同阶段的模型和信息的深度称为"模型深度等级"（Level of Detail，LOD），通常用 100～500 代表不同阶段的深度要求，并可在工程的进行过程中不断细化加深。

## 1.4.2　BIM 的意义

工程项目从立项开始，历经规划设计、施工、竣工验收到交付使用，是一个漫长的过程。在这个过程中，不确定的因素有很多。在项目建造初期，设计与施工等领域的从业人员面临的主要问题有两个：一是信息共享，二是协同工作。工程设计、施工与运行维护中信息交换不及时、不准确的问题导致大量人力和物力的浪费。2007 年美国的麦格劳·希尔公司发布了一个关于工程行业信息互用问题的研究报告，据该报告的统计资料显示，数据互用性不足会使工程项目平均成本增加 3.1％。具体表现为：由于各专业软件厂家之间缺乏共同的数据标准，无法有效地进行工程信息共享，一些软件无法得到上游数据，使得信息脱节、重复工作量大。

BIM 的主要作用是使工程项目数据信息在规划、设计、施工和运营维护全过程中充分共享和无损传递，为各参与方的协同工作提供坚实的基础，并为建筑物从概念到拆除的全生命周期中各参与方的决策提供可靠依据，如图 1-14 所示。

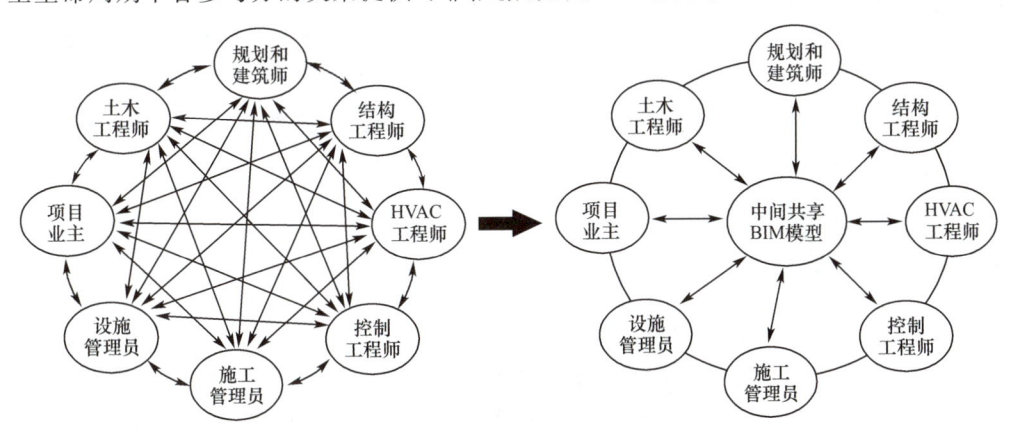

图 1-14　BIM 目标

BIM 对一项工程的实施所带来的价值优势是巨大的。表现为以下几点：

(1) 缩短项目工期。利用 BIM 技术，可以通过加强团队合作、改善传统的项目管理模式、实现场外预制和缩短订货至交货之间的空白时间等方式大大缩短工期。

(2) 更加可靠与准确的项目预算。基于 BIM 模型的工料计算相比基于 2D 图纸的预算更加准确且节省了大量时间。

(3) 提高生产效率、节约成本。由于利用 BIM 技术可大大加强各参与方的协作与信息交流的有效性，使决策的做出可以在短时间内完成，减少了复工与返工的次数，且便于新型生产方式的兴起，例如场外预制、BIM 参数模型作为施工文件等，显著提高了生产效率、节约了成本。

(4) 高性能的项目结果。BIM 技术所输出的可视化效果可以为业主校核是否满足要求提供平台,且利用 BIM 技术可实现耗能与可持续发展设计与分析,为提高建筑物和构筑物等性能提供了技术手段。

(5)有助于项目的创新性与先进性。BIM 技术可以实现对传统项目管理模式的优化,比如在集成化项目交付 IPD 模式下各参与方早期参与设计,群策群力的模式有利于吸取先进技术与经验,实现项目的创新性与先进性。

(6)方便设备管理与维护。利用 BIM 竣工模型作为设备管理与维护的数据库。

BIM 在中国建筑业要顺利发展,必须将 BIM 和国内的行业特色相结合。同时,引入 BIM 也会给国内建筑业带来一次巨大的变革,积极推动行业的可持续发展,社会效益巨大,其主要作用有:

(1)有助于改变传统的设计生产方式。通过 BIM 信息交换和共享,改变基于 2D 的专业设计协作方式,改变依靠抽象的符号和文字表达的蓝图进行项目建设的管理方式。

(2)促进建筑业管理模式的改变。BIM 支持设计与施工一体化,有效减少工程项目建设过程中"错、缺、漏、碰"现象的发生,从而可以减少工程全生命周期内的浪费带来巨大的经济和社会效益。

(3)实现可持续发展目标。BIM 支持对建筑安全、舒适、经济、美观,以及节能、节水、节地、节材、环境保护等多方面的分析和模拟,特别是通过信息共享可将设计模型信息传递给施工管理方,减少重复劳动,提高整个建筑业的信息共享水平。

(4)促进全行业竞争力的提升。一般工程项目都有数十个参与方,大型项目的参与方可以达到上百个甚至更多,提升竞争力的技术关键是提高各参与方之间的信息共享水平。因此,充分利用 BIM 信息交换和共享技术,可以提高工程设计效率和质量,减少资源消耗和浪费,从而达到同期制造业的生产力水平。

## 本章小结

本章主要介绍了 BIM 的基础知识,包括:建筑业信息化发展背景、存在问题和 BIM 与信息化间的关系;BIM 的定义、BIM 的相关术语、BIM 发展的"三阶段"和 BIM 在国内外的发展现状;BIM 在可行性、协同、施工和运维等方面的价值;BIM 的特征和意义。

## 思考与练习题

1-1 如何从广义上理解什么是 BIM?

1-2 BIM 的特征有哪些?

1-3 简述手工绘图、CAD 绘图和 BIM 建模的异同。

1-4 简述 BIM 的应用价值。

# 第 2 章

# BIM 工程师职业素养与发展

**本章要点**

(1) BIM 工程师职业定义。
(2) BIM 工程师岗位分类和职业素养。
(3) BIM 工程师市场需求和职业发展方向。

**学习目标**

(1) 了解 BIM 工程师职业定义。
(2) 了解 BIM 工程师岗位分类和职业素养。
(3) 了解 BIM 工程师市场需求和职业发展方向。

## 2.1 BIM 工程师的概述

### 2.1.1 BIM 工程师的职业定义

**1. 职业名称定义**

建筑信息模型(Building Information Modeling,BIM),是一种应用于工程设计建造管理的数据化工具。建筑信息模型(BIM)系列专业技能岗位是指工程建模、BIM 管理咨询和战略分析方面的相关岗位。从事 BIM 相关工程技术及其管理的人员,称为 BIM 工程师。

**2. 职业目标定义**

BIM 工程师通过参数模型整合各种项目的相关信息,在项目策划、运行和维护的全生命周期过程中进行共享和传递,使工程技术人员对各种建筑信息做出正确理解和高效应对,为设计团队以及包括建筑运营单位在内的各方建设主体提供协同工作的基础,使

BIM 技术在提高生产效率、节约成本和缩短工期方面发挥重要作用。

### 2.1.2 BIM 工程师岗位分类

**1. 根据应用领域分类**

根据应用领域不同可将 BIM 工程师主要分为 BIM 标准管理类工程师、BIM 工具研发类工程师、BIM 工程应用类工程师及 BIM 教育类工程师等,如图 2-1 所示。

```
                        BIM工程师
        ┌──────────────┬──────────────┬──────────────┐
   BIM标准管理类      BIM工具研发类   BIM工程应用类    BIM教育类
      工程师            工程师          工程师         工程师
        │                │               │              │
   BIM基础理论       BIM产品设计     BIM模型生产      高校教师
     研究人员          人员            工程师
        │                │               │              │
   BIM标准研究       BIM软件开发     BIM专业分析      培训讲师
     人员              人员            工程师
                                        │
                                   BIM信息应用
                                     工程师
                                        │
                                   BIM系统管理
                                     工程师
                                        │
                                   BIM数据维护
                                     工程师
```

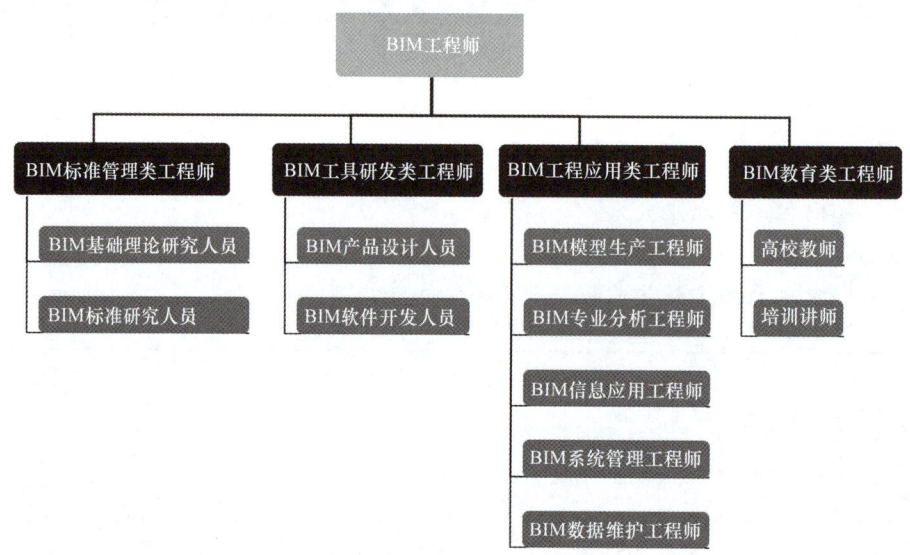

图 2-1　BIM 工程师分类图

(1) BIM 标准管理类工程师:主要负责 BIM 标准研究管理的相关工作人员,可分为 BIM 基础理论研究人员及 BIM 标准研究人员等。

(2) BIM 工具研发类工程师:主要负责 BIM 工具的设计开发工作人员,可分为 BIM 产品设计人员及 BIM 软件开发人员等。

(3) BIM 工程应用类工程师:应用 BIM 支持和完成工程项目生命周期过程中各种专业任务的专业人员,包括业主和开发商里面的设计、施工、成本、采购和营销管理人员;设计机构里面的建筑、结构、给水排水、暖通空调、电气、消防和技术经济等设计人员;施工企业里面的项目管理、施工计划、施工技术和工程造价人员;物业运维机构里面的运营、维护人员,以及各类相关组织里面的专业 BIM 应用人员等。BIM 工程应用类工程师又可分为 BIM 模型生产工程师、BIM 专业分析工程师、BIM 信息应用工程师、BIM 系统管理工程师和 BIM 数据维护工程师等。

(4) BIM 教育类工程师:在高校或培训机构从事 BIM 教育及培训工作的相关人员,主要可分为高校教师及培训讲师等。

**2. 根据应用程度分类**

根据 BIM 应用程度可将 BIM 工程师主要分为 BIM 操作人员、BIM 技术主管、BIM 项目经理和 BIM 战略总监等。

(1) BIM 操作人员:进行实际 BIM 建模及分析人员,属于 BIM 工程师职业发展的初级阶段。

（2）BIM 技术主管：在 BIM 项目实施过程中负责技术指导及监督人员，属于 BIM 工程师职业发展的中级阶段。

（3）BIM 项目经理：负责 BIM 项目实施管理人员，属于项目级的职位，是 BIM 工程师职业发展的高级阶段。

（4）BIM 战略总监：负责 BIM 发展及应用战略制定人员，属于企业级的职位，可以是部门或专业级的 BIM 专业应用人才或企业各类技术主管等，是 BIM 工程师职业发展的高级阶段。

## 2.2 BIM 工程师的职业素养

### 2.2.1 BIM 工程师基本素质要求

BIM 工程师基本素质是职业发展的基本要求，同时也是 BIM 工程师专业素质的基础。专业素质构成了工程师的主要竞争实力，而基本素质奠定了工程师的发展潜力与空间。BIM 工程师基本素质主要体现在沟通协调、职业道德、团队协作、健康素质等方面（图 2-2）。

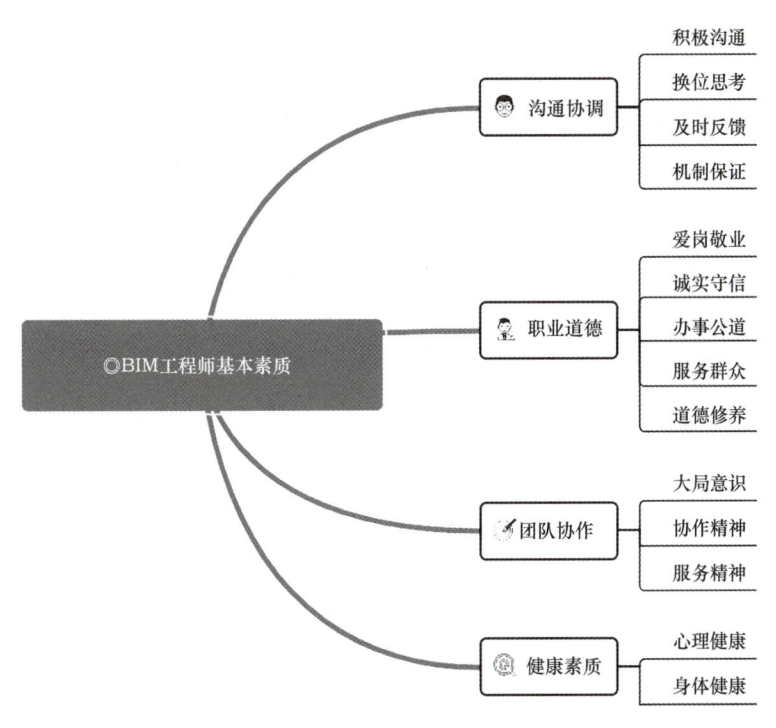

图 2-2 BIM 工程师基本素质要求

**1. 沟通协调**

沟通协调能力是指管理者在日常工作中妥善处理好上级、同级和下级等各种关系,使其减少摩擦,能够调动各方面的工作积极性的能力。

上述基本素质对BIM工程师的职业发展具有重要意义:有利于工程师更好地融入职业环境及团队工作中;有利于工程师更加高效、高标准地完成工作任务;有利于工程师在工作中学习、成长及进一步发展,同时为BIM工程师的更高层次地发展奠定基础。

**2. 职业道德**

职业道德是指人们在职业生活中应遵循的基本道德,即一般社会道德在职业生活中的具体体现,它是职业品德、职业纪律、专业胜任能力及职业责任等的总称,属于自律范围,通过公约、守则等对职业生活中的某些方面加以规范。职业道德素质对其职业行为产生重大的影响,是职业素质的基础。

**3. 团队协作**

团队协作能力,是指建立在团队的基础之上,发挥团队精神、互补互助以达到团队最大工作效率的能力。对于团队的成员来说,不仅要有个人能力,更需要有在不同的位置上各尽所能、与其他成员协调合作的能力。

**4. 健康素质**

健康素质主要体现在心理健康及身体健康两方面。BIM工程师在心理健康方面应具有一定的情绪的稳定性与协调性,有较好的社会适应性,有和谐的人际关系,有心理自控能力,有心理耐受力以及具有健全的个性特征等。在身体健康方面BIM工程师应满足个人主要系统、器官功能正常的要求,体质及体力水平良好等。

### 2.2.2 不同应用领域的BIM工程师职业素质要求

**1. BIM标准管理类工程师**

BIM标准管理类工程师的岗位职责及能力素质要求如图2-3所示。

(1)BIM基础理论研究人员

岗位职责:负责了解国内外BIM发展动态(包括发展方向、发展程度和新技术应用等);负责研究BIM基础理论;负责提出具有创新性的新理论等。

能力素质要求:具有良好的文字表达能力;具有良好的文献数据查阅能力;具有相应的理论研究及论文撰写经验;对BIM技术具有比较全面的了解等。

(2)BIM标准研究人员

岗位职责:负责收集、贯彻国际、国家及行业的相关标准;负责编制企业BIM应用标准化工作计划及长远规划;负责组织制定BIM应用标准与规范;负责宣传及检查BIM应用标准与规范的执行;负责根据实际应用情况组织BIM应用标准与规范的修订等。

能力素质要求:具有良好的文字表达能力;具有良好的文献数据查阅能力;对BIM技术发展方向及国家政策具有一定了解;对BIM技术具有比较全面的了解等。

```
                              ┌─ 岗位职责 ─┬─ 了解国内外BIM发展动态
                              │           ├─ 研究BIM基础理论
                              │           └─ 提出创新性新理论
           ┌─ BIM基础理论研究人员 ─┤
           │                  │           ┌─ 良好的文字表达能力
           │                  │           ├─ 良好的文献数据查阅能力
           │                  └─ 能力素质要求 ─┤
           │                              ├─ 理论研究及论文撰写经验
           │                              └─ 对BIM技术具有比较全面的了解
BIM标准研究类 ─┤
           │                              ┌─ 了解相关标准
           │                              ├─ 组织标准制定
           │                  ┌─ 岗位职责 ─┼─ 标准编制
           │                  │           ├─ 检查标准执行情况
           │                  │           └─ 标准修订
           └─ BIM标准研究人员 ───┤
                              │           ┌─ 良好的文字表达能力
                              │           ├─ 良好的文献数据查阅能力
                              └─ 能力素质要求 ─┤
                                          ├─ 了解国内外BIM标准及国家政策
                                          └─ 对BIM技术具有比较全面的了解
```

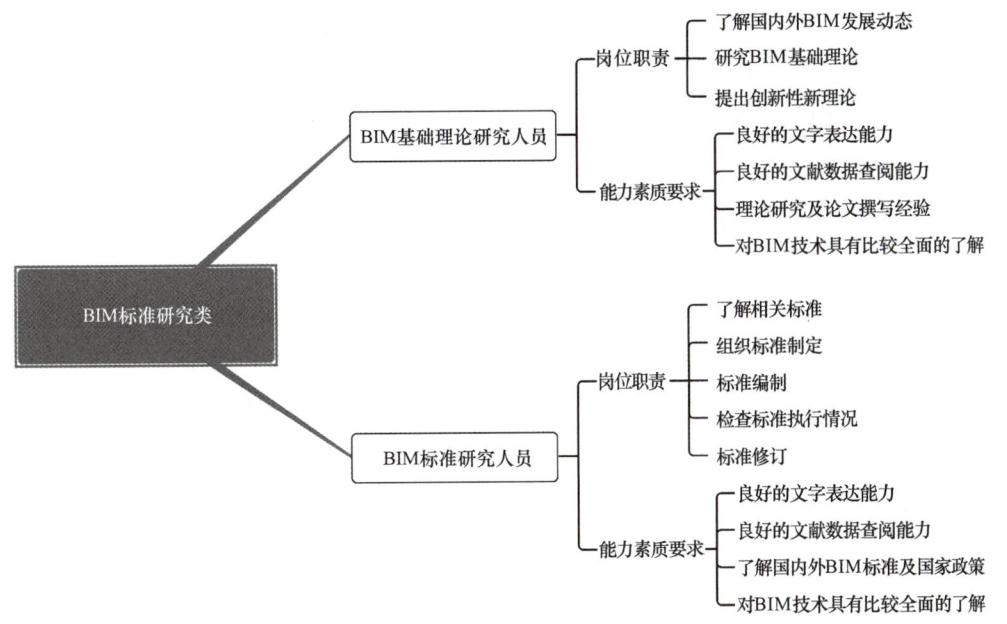

图 2-3　BIM 标准管理类的岗位职责及能力素质要求

**2. BIM 工具研发类工程师**

(1) BIM 产品设计人员

岗位职责：负责了解国内外 BIM 产品概况，包括产品设计、应用及发展等；负责 BIM 产品概念设计；负责 BIM 产品设计；负责 BIM 产品投入市场的后期优化等。

能力素质要求：熟悉 BIM 技术的应用价值；具有设计创新性；具有产品设计经验等。

(2) BIM 软件开发人员

岗位职责：负责 BIM 软件设计；负责 BIM 软件开发及测试；负责 BIM 软件维护工作等。

能力素质要求：了解 BIM 技术应用；掌握相关编程语言；掌握软件开发工具；熟悉数据库的运用等。

**3. BIM 工程应用类工程师**

(1) BIM 模型生产工程师

岗位职责：负责根据项目需求建立相关的 BIM 模型，如场地模型、土建模型、机电模型、钢结构模型、幕墙模型、绿色模型及安全模型等。

能力素质要求：具备工程建筑设计相关专业背景；具有良好的识图能力，能够准确读懂项目相关图纸；具备相关的建模知识及经验；熟悉各种 BIM 相关建模软件；对 BIM 模型后期应用有一定了解等（图 2-4）。

(2) BIM 专业分析工程师

岗位职责：负责利用 BIM 模型对工程项目的整体质量、效率、成本和安全等关键指标进行分析、模拟和优化，从而对该项目承载体的 BIM 模型进行调整，以实现高效、优质、低价的项目总体实现和交付。如根据相关要求利用模型对项目工程进行性能分析及对项目进行虚拟建造模拟等。

```
                              建立场地模型
                              建立土建模型
                    岗位职责   建立机电模型
                              建立钢结构模型
     BIM模型生产工程师          建立幕墙模型
                              建立绿色模型
                              建立安全模型

                              建筑相关专业背景
                              建筑相关识图能力
                    能力素质要求 建模知识及经验
                              熟悉各种建模软件
                              对BIM模型后期应用有一定了解
```

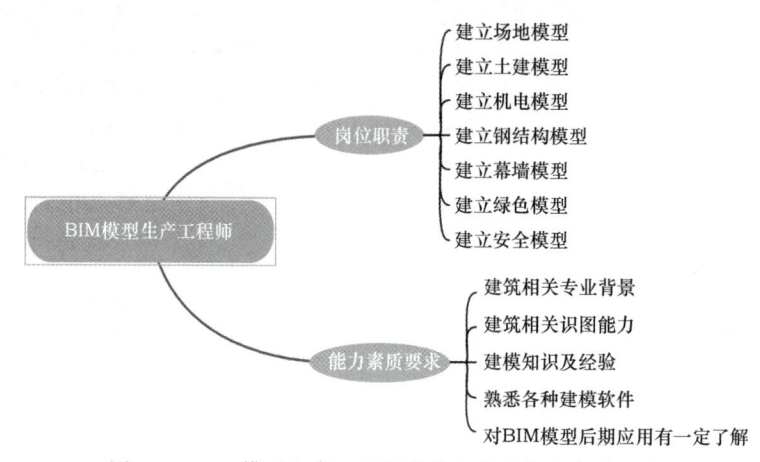

图 2-4　BIM 模型生产工程师岗位职责及能力素质要求

能力素质要求:具备建筑相关专业知识;对场地、空间、景观能见度、通风、噪声、耗能、结构等相关知识要求较为了解;对项目施工过程及管理较了解;具有一定 BIM 应用实践经验;熟悉相关 BIM 分析软件及协调软件等(图 2-5)。

```
                         岗位职责   了解项目施工过程及管理
                                   熟练掌握BIM分析及相关管理软件
                                   具有BIM应用经验
     BIM专业分析工程师
                                              场地
                                              空间
                                              景观能见度
                                   性能分析    通风
                                              噪声
                                              耗能
                         能力素质要求            结构

                                              专业协调
                                              深化设计
                                   虚拟建造    施工方法
                                              施工计划
                                              施工造价
```

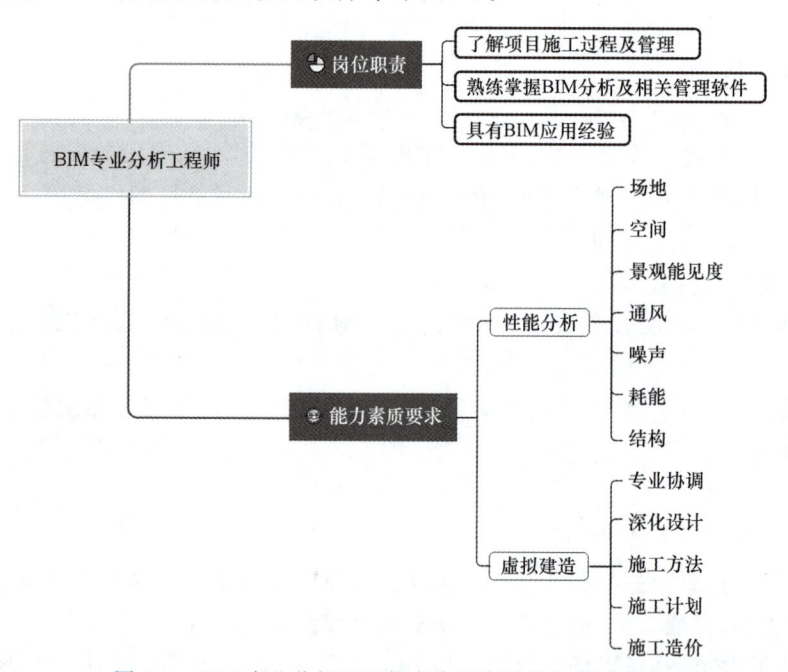

图 2-5　BIM 专业分析工程师岗位职责及能力素质要求

(3)BIM 信息应用工程师

岗位职责:负责根据项目 BIM 模型完成各阶段的信息管理及应用的工作,如施工图出具、工程量估算、施工现场模拟管理、运维阶段的人员物业管理、设备管理及空间管理等。

能力素质要求:对 BIM 项目各阶段实施有一定了解,且能够运用 BIM 技术解决工程实际问题等(图 2-6)。

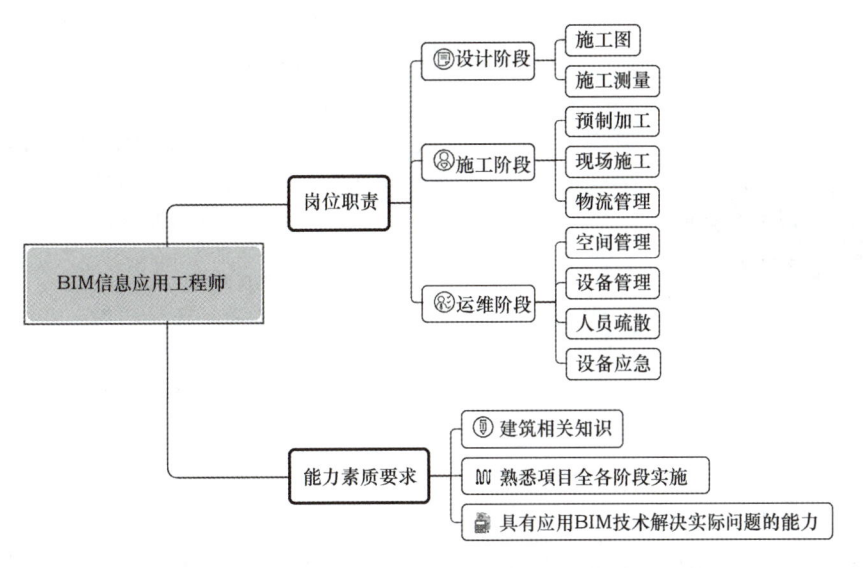

```
                          ┌─ 设计阶段 ─┬─ 施工图
                          │           └─ 施工测量
                          │           ┌─ 预制加工
              ┌─ 岗位职责 ─┼─ 施工阶段 ─┼─ 现场施工
              │           │           └─ 物流管理
              │           │           ┌─ 空间管理
BIM信息应用工程师 ┤           └─ 运维阶段 ─┼─ 设备管理
              │                       ├─ 人员疏散
              │                       └─ 设备应急
              │              ┌─ 建筑相关知识
              └─ 能力素质要求 ─┼─ 熟悉项目全各阶段实施
                             └─ 具有应用BIM技术解决实际问题的能力
```

图 2-6 BIM 信息应用工程师岗位职责及能力素质要求

(4)BIM 系统管理工程师

岗位职责:负责 BIM 应用系统、数据协同及存储系统、构件库管理系统的日常维护和备份等工作;负责各系统的人员及权限的设置与维护;负责各项目环境资源的准备及维护等。

能力素质要求:具备计算机应用、软件工程等专业背景;具备一定的系统维护经验等。

(5)BIM 数据维护工程师

岗位职责:负责收集、整理各部门、各项目的构件资源数据及模型、图纸、文档等项目交付数据;负责对构件资源数据及项目交付数据进行标准化审核,并提交审核情况报告;负责对构件资源数据进行结构化整理并导入构件库,并保证数据的良好检索能力;负责对构件库中构件资源的一致性、时效性进行维护,保证构件库资源的可用性;负责对数据信息的汇总、提取,供其他系统的应用和使用等。

能力素质要求:具备建筑、结构、暖通、给水排水和电气等相关专业背景;熟悉 BIM 软件应用;具有良好的计算机应用能力等。

### 4.BIM 教育类

BIM 教育类岗位职责及能力素质要求如图 2-7 所示。

(1)高校教师

岗位职责:负责 BIM 研究(可分为不同领域);负责 BIM 相关教材的编制,以便课程教学的实施;负责面向高校学生讲解 BIM 技术知识,培养学生运用 BIM 技术能力,为社会系统地培养 BIM 技术专业人才等。

能力素质要求:具有一定的 BIM 技术研究或应用经验;对 BIM 技术有较为全面或深入的了解;具有良好的口头表达能力等。

```
                          ┌─ BIM研究
              ┌─ 岗位职责 ─┼─ BIM教材编制
              │           └─ 讲授BIM知识
   ┌─ 高校教师─┤
   │          │                  ┌─ 具有一定BIM技术研究或应用经验
   │          └─ 能力素质要求 ────┼─ 较为全面或深入地了解BIM
BIM教育类     │                   └─ 具有良好的口头表达能力
   │
   │          ┌─ 岗位职责 ─┬─ BIM软件培训
   │          │            └─ BIM概念培训
   └─ 培训讲师─┤
              │                   ┌─ 具有BIM技术应用经验
              └─ 能力素质要求 ────┼─ 熟练掌握各种BIM软件
                                  └─ 具有良好的口头表达能力
```

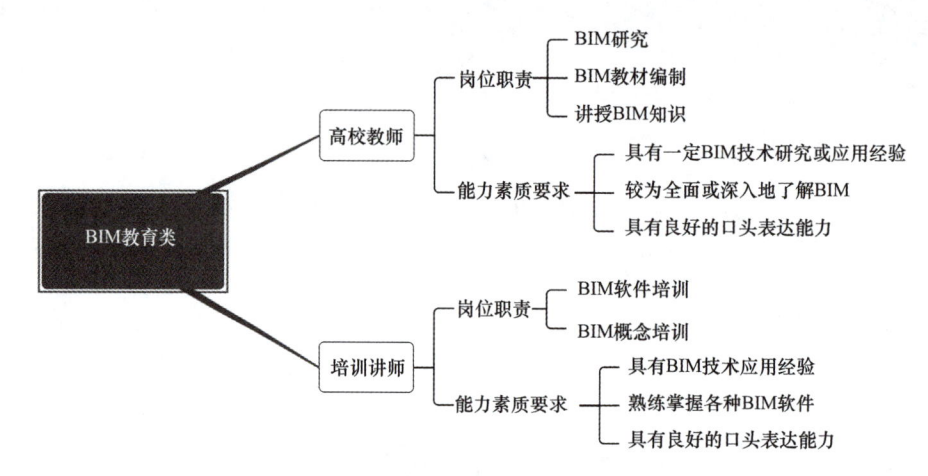

图 2-7　BIM 教育类岗位职责及能力素质要求

(2) 培训讲师

岗位职责：负责面向学员进行相关 BIM 软件培训，培养及提高学员 BIM 软件应用技能；负责面向企业高层进行 BIM 概念培训，用以帮助企业更好地运用 BIM 技术提高公司效益等。

能力素质要求：具有一定的 BIM 技术应用经验；能够熟练掌握及应用各种 BIM 软件；有良好的口头表达能力等。

### 2.2.3　不同应用程度的 BIM 工程师职业素质要求

不同应用程度 BIM 工程师的岗位职责及能力素质要求如图 2-8 所示。

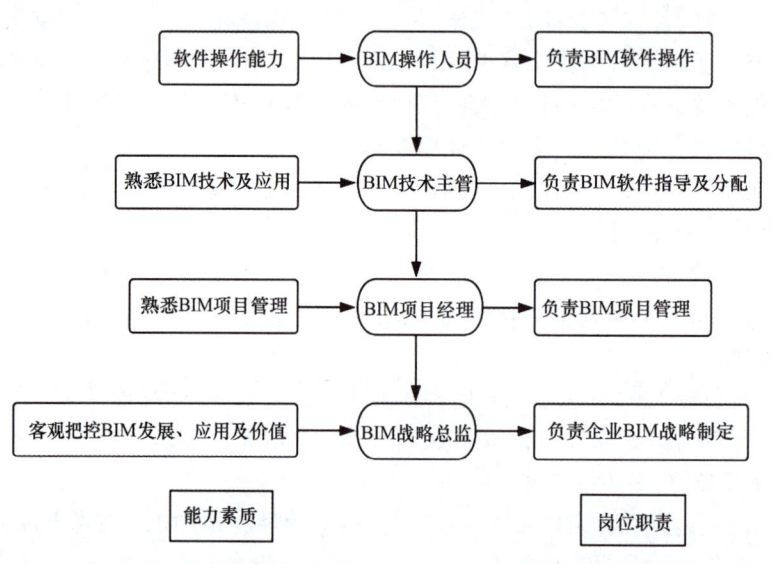

```
软件操作能力 ────→ BIM操作人员 ────→ 负责BIM软件操作
                       ↓
熟悉BIM技术及应用 ──→ BIM技术主管 ────→ 负责BIM软件指导及分配
                       ↓
熟悉BIM项目管理 ────→ BIM项目经理 ────→ 负责BIM项目管理
                       ↓
客观把控BIM发展、应用及价值 ─→ BIM战略总监 ──→ 负责企业BIM战略制定

      能力素质                              岗位职责
```

图 2-8　不同应用程度 BIM 工程师的岗位职责及能力素质要求

**1. BIM 操作人员**

岗位职责：负责创建 BIM 模型、基于 BIM 模型创建三维视图以及添加指定的 BIM

信息；配合项目需求，负责 BIM 可持续设计，如绿色建筑设计、节能分析、室内外渲染、虚拟漫游、建筑动画、虚拟施工周期及工程量统计等。

能力素质要求：具备土建、水电、暖通等相关专业背景；熟练掌握 BIM 各类软件，如建模软件、分析软件和三维可视化软件等。

**2. BIM 技术主管**

岗位职责：负责对 BIM 项目在各阶段实施过程中进行技术指导及监督；负责将 BIM 项目经理的项目任务安排落实到 BIM 操作人员去实施；负责协同各 BIM 操作人员工作内容等。

能力素质要求：具备土建、水电和暖通等相关专业背景；具有丰富的 BIM 技术应用经验，能够独立指导 BIM 项目实施技术问题；具有良好的沟通协调能力等。

**3. BIM 项目经理**

岗位职责：负责对 BIM 项目进行规划、管理和执行，保质保量实现 BIM 应用的效益，能够自行或通过调动资源解决工程项目 BIM 应用中的技术和管理问题；负责参与 BIM 项目决策，制订 BIM 工作计划；负责设计环节的保障监督，监督并协调 IT 服务人员完成项目 BIM 软硬件及网络环境的建立，确定项目中的各类 BIM 标准及规范，如大项目切分原则、构件使用规范、建模原则、专业内协同设计模式和专业间协同设计模式等，同时还需负责对 BIM 工作进度的管理与监控等。

能力素质要求：具备土建、水电和暖通等相关专业背景；具有丰富的建筑行业实际项目的设计与管理经验、独立管理大型 BIM 建筑工程项目的经验；熟悉 BIM 建模及专业软件；具有良好的组织能力及沟通能力等。

**4. BIM 战略总监**

岗位职责：负责企业、部门或专业的 BIM 总体发展战略，包括组建团队、确定技术路线，研究 BIM 对企业的质量效益和经济效益，以及制订 BIM 实施计划等；负责企业 BIM 战略与顶层设计、BIM 理念与企业文化的融合、BIM 组织实施机构的构建、BIM 实施方案比选、BIM 实施流程优化、企业 BIM 信息构想平台搭建以及 BIM 服务模式与管理模式创新等。

能力素质要求：对 BIM 的应用价值有系统了解和深入认识；了解 BIM 基本原理和国内外应用现状；了解 BIM 将给建筑业带来的价值和影响；掌握 BIM 在施工行业的应用价值和实施方法，掌握 BIM 实施应用环境，如软件、硬件、网络、团队以及合同等。

## 2.3　BIM 工程师的岗位职责

BIM 技术可应用于项目全生命周期各阶段中，包括项目各参与方，因此 BIM 技术应用领域较多，应用内容较丰富。BIM 工程师可根据自身兴趣及需求选择相应的职业发展方向，BIM 工程师个人职业规划可参考图 2-9。

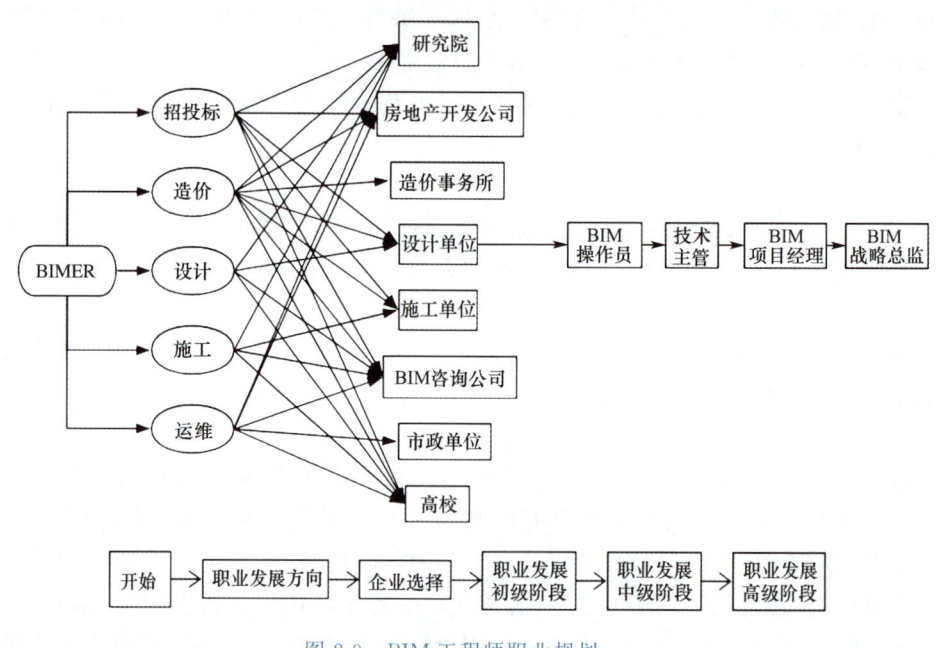

图 2-9　BIM 工程师职业规划

### 2.3.1　招投标工作 BIM 工程师职责

BIM 工程师在招投标管理方面的工作应用主要体现在以下几个方面：

(1) 数据共享。BIM 模型的可视化能够让投标方深入了解招标方所提出的条件，避免信息孤岛的产生，保证数据的共通共享及可追溯性。

(2) 经济指标的控制。控制经济指标的精确性与准确性，避免建筑面积与限高的造假。

(3) 无纸化招投标。实现无纸化招投标，从而节约大量纸张和装订费用，真正做到绿色低碳环保。

(4) 削减招投标成本。可实现招投标的跨区域、低成本、高效率、更透明、现代化，大幅度削减招标、投标的人力成本。

(5) 整合招投标文件。整合所有招标文件，量化各项指标，对比论证各投标人的总价、综合单价及单价构成的合理性。

(6) 评标管理。基于 BIM 技术能够记录评标过程并生成数据库，对操作员的操作进行实时的监督，评标过程可事后查询，最大限度地减少暗箱操作、虚假招标、权钱交易，有利于规范市场秩序，防止权力寻租与腐败，有效推动招标投标工作的公开化、法制化，使得招投标工作更加公正、透明。

### 2.3.2　设计阶段 BIM 工程师职责

BIM 工程师在设计方面的工作应用主要体现在以下几个方面：

(1)通过创建模型,更好地表达设计意图,突出设计效果,满足业主需求。

(2)利用模型进行专业协同设计,可减少设计错误,通过碰撞检查,把类似空间障碍等问题消灭在出图之前。

(3)可视化的设计会审和专业协同,基于三维模型的设计信息传递和交换将更加直观、有效,有利于各方沟通和理解。

### 2.3.3 施工阶段 BIM 工程师职责

BIM 工程师在施工中的应用主要体现在以下几个方面:

(1)利用模型进行直观的"预施工",预知施工难点,更大程度地消除施工的不确定性和不可预见性,降低施工风险,保证施工技术措施的可行、安全、合理和优化。

(2)在设计方提供的模型基础上进行施工深化设计,解决设计信息中没有体现的细节问题和施工细部做法,更直观、更切合实际地对现场施工工人进行技术交底。

(3)为构件加工提供最详细的加工详图,减少现场作业、保证质量。

(4)利用模型进行施工过程荷载验算、进度物料控制和施工质量检查等。

### 2.3.4 造价工作 BIM 工程师职责

BIM 工程师在造价方面的工作应用主要体现在以下几个方面:

(1)项目计划阶段,对工程造价进行预估,应用 BIM 技术提供各设计阶段准确的工程量、设计参数和工程参数,将工程量和参数与技术经济指标结合,以计算出准确的估算、概算,再运用价值工程和限额设计等手段对设计成果进行优化。

(2)在合同管理阶段,通过对细部工程造价信息的抽取、分析和控制,从而控制整个项目的总造价。

### 2.3.5 运维阶段 BIM 工程师职责

BIM 工程师在运维方面的工作应用主要体现在以下几个方面:

(1)数据集成与共享化运维管理,把成堆的图纸、报价单、采购单和工期图等统筹在一起,呈现出直观、实用的数据信息,基于这些信息进行运维管理。

(2)可视化运维管理,基于 BIM 三维模型对建筑运维阶段进行直观的、可视化的管理。

(3)应急管理决策与模拟,提供实时的数据访问,在没有获取足够信息的情况下,做出应急响应决策。

可见,BIM 在工程的各个阶段都能发挥重要的作用,项目各方都能加以利用,项目各阶段各参与方的 BIM 使用情况见表 2-1。

表 2-1　　　　　　　　　项目各阶段各参与方的 BIM 使用情况

| 名称 | 相关单位 | 作用 |
| --- | --- | --- |
| BIM 与招投标 | 房地产开发公司 | 负责招标、开标及评定标等 |
| | 施工单位 | 负责投标,利用 BIM 等相关软件提高中标率和投标质量 |
| | 设计单位 | 负责投标,基于 BIM 技术给招标方提供技术标书以及标书演示视频等 |
| BIM 与设计 | 设计院 | 负责建筑方案前期构思、三维设计与可视化展示、设计分析、协调设计及碰撞检查、出具相关施工图 |
| | 研究院 | 负责对基于 BIM 技术的设计方法进行研究及创新,以提高项目设计阶段的效益 |
| BIM 与施工 | 建筑施工单位 | 负责虚拟施工管理、施工进度管理、施工成本管理、施工过程安全管理,负责物料管理、绿色施工管理、工程变更管理、施工协同工作等 |
| | 研究院 | 负责对基于 BIM 技术的施工方法进行研究及创新,以提高项目施工阶段的效益 |
| BIM 与造价 | 房地产开发公司 | 负责项目投资控制,进度款拨付、结算等 |
| | 设计院 | 主要负责配合设计各阶段计算投资 |
| | 施工单位 | 主要负责招投标报价,施工过程中进度款申请、变更洽商、造价编制、工程结算等 |
| | 造价咨询事务所 | 主要负责项目及工程造价的编制、审核 |
| BIM 与运维 | 房地产开发公司 | 负责空间管理,资产管理,维护管理,公共安全管理,耗能管理等 |
| | 市政单位 | 负责应用 BIM 技术对建筑及城市进行规划管理 |

## 2.4　BIM 工程师的需求分析

### 2.4.1　BIM 发展的必然性

《2016—2020 年建筑业信息化发展纲要》指出:"十三五"期间,全面提高建筑业信息化水平,着力增强 BIM、大数据、智能化、移动通信、云计算和物联网等信息技术集成应用能力,建筑业数字化、网络化、智能化取得突破性进展,初步建成一体化行业监管和服务平台,数据资源利用水平和信息服务能力明显提升,形成一批具有较强信息技术创新能力和信息化达到国际先进水平的建筑企业及具有关键自主知识产权的建筑信息技术企业。

在住房和城乡建设部关于印发建筑业发展"十三五"规划的通知(建市〔2017〕98号)中,明确指出要加快推进建筑信息模型(BIM)技术在规划、工程勘察设计、施工和运营维护全过程的集成应用,支持基于具有自主知识产权三维图形平台的国产BIM软件的研发和推广使用。此外,多省市发布的住建领域关于"十四五"规划的发展方向和提纲,明确把BIM技术和装配式建筑列为重点发展方向。

可见,BIM已经大量应用到我国的工程建设中,而且由于当前工程模式的一些弊端以及未来对工程各方面更高的需求,BIM在我国的发展存在其必然性:

(1)巨大的建设量带来了沟通和实施环节的不便,信息流失造成很大损失,BIM所带来的信息整合,重新定义了设计流程,能够在很大程度上改善这一状况。

(2)建筑可持续发展的需求,BIM技术在建设工程中的运用,如建筑生命周期管理、节能分析等方面,为建筑可持续发展提供一种具有革新性的技术方法。

国家资源规划管理信息化的需求,BIM技术在建设工程中的应用可将项目各阶段、各参与方所提供的信息及数据进行集合,从而实现资源信息化及协同化管理。

### 2.4.2　当前BIM市场现状

当前的BIM市场主要呈现以下特征:

(1)BIM技术应用覆盖面窄

BIM在当前市场中的运用还仅限于培训和咨询,而且参与BIM培训的以施工单位居多,覆盖面较小,没有达到推广和普及的层面。

(2)涉及项目的实战较少

当前建设工程中只有部分项目采用了BIM技术,且只在项目中某阶段选择性的应用。缺少项目全生命周期运用BIM技术的案例及经验。

(3)缺少专业的BIM工程师

当前BIM技术培训对象多为新入职的应届毕业生,很多大型设计院以人才定向培养或直接到培训机构聘请学员的形式来进行设计院内部的BIM人才架构建设,对于一些有多年实际工程经验的设计师,他们对于BIM以及其软件,多存质疑。

(4)前期投入高

运用BIM技术需要大量资金投入配备相应的软硬件设备,以及培训能够熟练掌握该技术的人员,后期的维护也是价格高昂,虽然从已运用BIM技术的项目来看,BIM项目取得了收益,但BIM项目的投资回报率却低于基准收益率。

(5)软件数据的传递问题

目前国内使用的BIM软件大部分都由国外引进,缺少自主研发,而国外的软件引入国内后与我国软件存在交互性差、兼容性差等问题。信息数据传递效率低下,直接导致了BIM模型价值的降低,设计人员工作重复率的上升以及成本的增加。在软件之间数据转换的过程中,问题主要表现为两个方面:一是BIM软件之间转换后信息数据的丢失;二是BIM软件与分析软件的数据接口不完善,直接增加了大量的重复性工作,降低了模型、数据的利用率,影响了建筑信息在整个生命周期的流畅度。

(6)缺少统一的BIM标准

BIM技术由国外研发,相应标准也是依照国外情形而定,与国外相比,我国现有的建筑行业体制不统一,缺乏较完善的 BIM 应用标准,加之业界对于 BIM 的法律责任界限不明,导致建筑行业推广 BIM 应用的环境不够成熟。现有的标准、行业体制及规范存在差异,因此制定出符合我国国情的统一的 BIM 标准是目前需要解决的问题。

### 2.4.3 未来 BIM 市场模式预测

结合行业管理体制及当前 BIM 现状,可对 BIM 未来发展模式做出如下预测:

**1. 全方位应用**

项目各参与方可能将会在各自的领域应用 BIM 技术进行相应的工作,包括政府、业主、设计单位、施工单位、造价咨询单位及监理单位等;BIM 技术可能将会在项目全生命周期中发挥重要作用,包括项目前期方案阶段、招投标阶段、设计阶段、施工阶段、竣工阶段及运维阶段;BIM 技术可能将会应用到各种建设工程项目,包括民用建筑、工业建筑和公共建筑等。

**2. 市场细分**

未来市场可能会根据不同的 BIM 技术需求及功能出现专业化的细分,BIM 市场将会更加专业化和秩序化,用户可根据自身具体需求方便准确地选择相应市场模块进行应用。

**3. 个性化开发**

基于建设工程项目的具体需求,可能会逐渐出现针对具体问题的各种个性化且具有创新性的新 BIM 软件、BIM 产品及 BIM 应用平台等。

**4. 多软件协调**

未来 BIM 技术的应用过程将可能出现多软件协调,各软件之间能够轻松实现信息传递与互用,项目在全生命周期过程中将会多软件协调工作。

BIM 技术在我国建设工程市场还存在较大的发展空间,未来 BIM 技术的应用将会呈现出普及化、多元化及个性化等特点,相关市场对 BIM 工程师的需求将更加广泛,BIM 工程师的职业发展还有很大空间。

### 本章小结

本章主要介绍了 BIM 工程师职业素养和发展,包括:从应用领域及应用程度两方面对 BIM 工程师岗位进行定义及分类,并进一步对相应岗位的职责及能力素质做出具体要求;根据 BIM 各应用方向,从工作企业、工作内容及未来发展方向三方面对 BIM 工程师的职业发展做出具体介绍;对未来 BIM 市场的预测做出简单介绍,为读者个人职业生涯规划提供参考。

### 思考与练习题

2-1 简述 BIM 工程师的定义和岗位分类。
2-2 简述 BIM 工程师职业发展方向。
2-3 通过本章学习,请预测 BIM 未来发展模式的特点。

# 第 3 章

# BIM 软件

> **本章要点**
> (1) BIM 应用软件定义及分类。
> (2) BIM 基础建模软件及工具软件。
> (3) 工程实施各阶段 BIM 软件应用。

> **学习目标**
> (1) 掌握 BIM 应用软件定义及分类。
> (2) 掌握工程实施各阶段 BIM 软件应用。

## 3.1 BIM 软件分类

### 3.1.1 BIM 应用软件的发展与形成

**1. 发展的起点**

BIM 软件的发展离不开计算机辅助建筑设计(Computer Aided Architectural Design,CAAD)软件的发展。1958 年,美国的埃勒贝建筑师联合事务所(Ellerbe Associates)装置了一台 Bendix G15 的电子计算机,进行了将电子计算机运用于建筑设计的首次尝试。1963 年,美国麻省理工学院的博士研究生伊凡·萨瑟兰(Ivan Sutherland)发表了博士学位论文《Sketchpad:一个人机通信的图形系统》,并在计算机的图形终端上实现了用光标绘制、修改图形和图形的缩放。这项工作被公认为计算机图形学方面的开创性工作,也为以后计算机辅助设计技术的发展奠定了理论基础。

**2. 20 世纪 60 年代**

20 世纪 60 年代是信息技术应用在建筑设计领域的起步阶段。当时比较有名的

CAAD 系统首推索德(Souder)和克拉克(Clark)研制的 Coplanner 系统,该系统可用于估算医院的交通问题,以改进医院的平面布局。当时的 CAAD 系统应用的计算机为大型机,体积庞大,图形显示以刷新式显示器为基础,绘图和数据库管理的软件比较原始,功能有限,价格也十分昂贵,应用很少,整个建筑界仍然使用"趴图板"方式进行建筑设计。

### 3. 20 世纪 70 年代

随着 DEC 公司的 PDP 系列 16 位计算机问世,计算机的性价比大幅度提高,这大大推动了计算机辅助建筑设计的发展。美国波士顿出现了第一个商业化的 CAAD 系统 ARK-2,该系统运行在 PDP15/20 计算机上,可以进行建筑方面的可行性研究、规划设计、平面图及施工图设计、技术指标及设计说明的编制等。这时出现的 CAAD 系统以专用型的系统为多,同时还有一些通用性的 CAAD 系统,例如 Computer Vision、CADAM 等,被用作计算机制图。

这一时期 CAAD 的图形技术还是以二维为主,用传统的平面图、立面图和剖面图来表达建筑设计,以图纸为媒介进行技术交流。

### 4. 20 世纪 80 年代

20 世纪 80 年代对信息技术发展影响最大的是微型计算机的出现,由于微型计算机的价格已经降到人们可以承受的程度,建筑师们将设计工作由大型机转移到微机上。基于 16 位微机开发的一系列设计软件系统就是在这样的环境下出现的,AutoCAD、MicroStation、ArchiCAD 等软件都是应用于 16 位微机上具有代表性的软件。

### 5. 20 世纪 90 年代

20 世纪 90 年代以来是计算机技术高速发展的年代,其特征技术包括:高速而且功能强大的 CPU 芯片、高质量的光栅图形显示器、海量存储器、因特网、多媒体和面向对象技术等。随着计算机技术的快速发展,计算机技术在建筑业得到了空前的发展和广泛的应用,开始涌现出大量的建筑类软件。随着建筑业的发展趋势以及项目各参与方对工程项目新的更高的需求日益增加,BIM 技术应用已然成为建筑行业发展的趋势,各种 BIM 应用软件应运而生。

### 6. 21 世纪以来

21 世纪以来,特别是近十年,BIM 技术和 BIM 软件发展迅速,目前常用的 BIM 软件数量已有几十个,很多专家和组织期望通过设计一个科学的、系统的、准确的分类,方便工程技术和管理人员更清晰地了解和选择 BIM 软件。

本书综合已有分类方法,从现有产品和实际应用的角度,将 BIM 软件分为模型创建与建筑软件、结构软件、机电软件、建筑性能分析软件、集成应用与可视化软件、集成管理软件等多个种类。

#### 3.1.2　BIM 应用软件的分类

BIM 应用软件是指基于 BIM 技术的应用软件,亦即支持 BIM 技术应用的软件。一般来讲,它应该具备以下四个特征,即面向对象、基于三维几何模型、包含其他信息和支持开放式标准。

伊士曼(Eastman)等将 BIM 应用软件按其功能分为三大类,即 BIM 环境软件、BIM

工具软件和 BIM 平台软件。在本书中,我们习惯将其分为 BIM 基础软件、BIM 工具软件和 BIM 平台软件。

**1. BIM 基础软件**

BIM 基础软件是指可用于建立能为多个 BIM 应用软件所使用的 BIM 数据的软件。例如,基于 BIM 技术的建筑设计软件可用于建立建筑设计 BIM 数据,且该数据能被用在基于 BIM 技术的能耗分析软件、日照分析软件等 BIM 应用软件中。除此以外,基于 BIM 技术的结构设计软件及设备设计(MEP)软件也包含在这一大类中。目前实际过程中使用的这类软件的例子,如美国 Autodesk 公司的 Revit 软件,其中包含了建筑设计软件、结构设计软件及 MEP 设计软件;匈牙利 Graphisoft 公司的 ArchiCAD 软件等。

**2. BIM 工具软件**

BIM 工具软件是指利用 BIM 基础软件提供的 BIM 数据,开展各种工作的应用软件。例如,利用建筑设计 BIM 数据,进行能耗分析的软件、进行日照分析的软件、生成二维图纸的软件等。目前实际过程中使用这类软件的例子,如美国 Autodesk 公司的 Ecotect 软件,我国的软件厂商开发的基于 BIM 技术的成本预算软件等。有的 BIM 基础软件除了提供用于建模的功能外,还提供了其他一些功能,所以本身也是 BIM 工具软件。例如,上述 Revit 软件还提供了生成二维图纸等功能,所以它既是 BIM 基础软件,也是 BIM 工具软件。

**3. BIM 平台软件**

BIM 平台软件是指能对各类 BIM 基础软件及 BIM 工具软件产生的 BIM 数据进行有效的管理,以便支持建筑全生命周期 BIM 数据的共享应用的应用软件。该类软件一般为基于 Web 的应用软件,能够支持工程项目各参与方及各专业工作人员之间通过网络高效地共享信息。目前实际过程中使用这类软件的例子,如美国 Autodesk 公司 2012 年推出的 BIM 360 软件。该软件作为 BIM 平台软件,包含一系列基于云的服务,支持基于 BIM 的模型协调和智能对象数据交换。又如匈牙利 Graphisoft 公司的 Delta Server 软件,也提供了类似功能。

当然,各大类 BIM 应用软件还可以再细分。例如,BIM 工具软件可以再细分为基于 BIM 技术的结构分析软件、基于 BIM 技术的能耗分析软件、基于 BIM 技术的日照分析软件以及基于 BIM 的工程量计算软件等。

### 3.1.3　现行 BIM 应用软件分类框架

针对建筑全生命周期中 BIM 技术的应用,以软件公司提出的现行 BIM 应用软件分类框架为例做具体说明(图 3-1)。图中包含的应用软件类别的名称,绝大多数是传统的非 BIM 应用软件已有的,例如,建筑设计软件、算量软件和钢筋翻样软件等。这些类别的应用软件与传统的非 BIM 应用软件所不同的是,它们均是基于 BIM 技术的。另外,有的应用软件类别的名称与传统的非 BIM 应用软件根本不同,包括 4D 进度管理软件、5D BIM 施工管理软件和 BIM 模型服务器软件。

其中,4D 进度管理软件是在三维几何模型上,附加施工时间信息(例如,某结构构件的施工时间为某时间段)形成 4D 模型,进行施工进度管理。这样可以直观地展示随着施工时间三维模型的变化,用于更直观地展示施工进程,从而更好地辅助施工进度管理。5D BIM 施工管理软件则是在 4D 模型的基础上,增加成本信息(例如,某结构构建的建造成本),进行更全面的施工管理。这样一来,施工管理者就可以方便地获得在施工过程中,项目对包括资金在内施工资源的动态需求,从而更好地进行资金计划、分包管理等工作,以确保施工过程的顺利进行。BIM 模型服务器软件即是上述提到的 BIM 平台软件,用于进行 BIM 数据的管理。

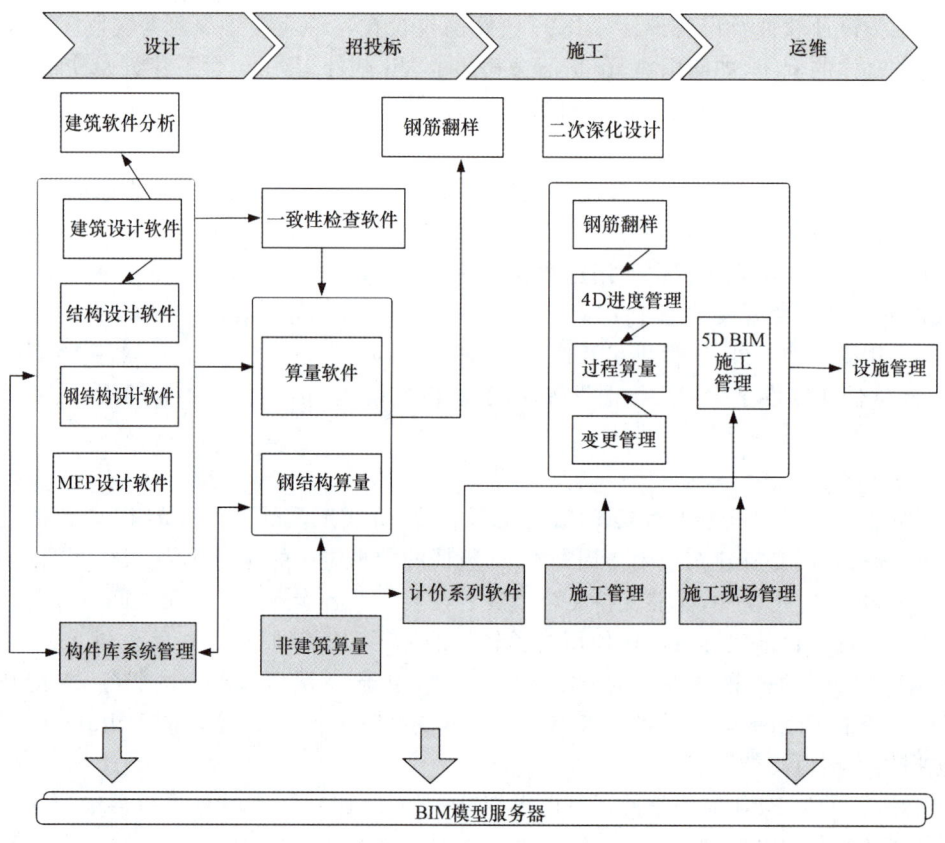

图 3-1 现行 BIM 应用软件分类框架

## 3.2 BIM 建模软件

### 3.2.1 BIM 基础软件介绍

BIM 基础软件主要是建筑建模工具软件,其主要目的是进行三维设计,所生成的模型是后续 BIM 应用的基础。

在传统二维设计中,建筑的平、立、剖面图是分开进行设计的,往往存在不一致的情况。同时,其设计结果是 CAD 中的线条,计算机无法进行进一步的处理。

三维设计软件改变了这种情况,通过三维技术确保只存在一份模型,平、立、剖面图都是三维模型的视图,解决了平、立、剖不一致的问题。同时,其三维构件也可以通过三维数据交换标准被后续 BIM 应用软件所应用。

BIM 基础软件具有以下特征:

(1)基于三维图形技术。支持对三维实体进行创建和编辑。

(2)支持常见建筑构件库。BIM 基础软件包含梁、墙、板、柱、楼梯等建筑构件,用户可以应用这些内置构件库进行快速建模。

(3)支持三维数据交换标准。BIM 基础软件建立的三维模型,可以通过 IFC 等标准输出,为其他 BIM 应用软件使用。

### 3.2.2 BIM 模型创建软件

#### 1. BIM 概念设计软件

BIM 概念设计软件用在设计初期,是在充分理解业主设计任务书和分析业主的具体要求及方案意图的基础上,将业主设计任务书里面基于数字的项目要求转化成基于几何形体的建筑方案,此方案用于业主和设计师之间的沟通和方案研究论证。论证后的成果可以转换到 BIM 核心建模软件里面进行深化设计,并继续验证所设计的方案能否满足业主的要求。目前主要的 BIM 概念软件有 SketchUp Pro 和 Affinity 等。

SketchUp 是诞生于 2000 年的 3D 设计软件,因其上手快,操作简单而被誉为电子设计中的"铅笔"。2006 年被 Google 收购后推出了更为专业的版本 SketchUp Pro,它能够快速创建精确的 3D 建筑模型,为业主和设计师提供设计、施工验证和流线以及角度分析,方便业主与设计师之间的交流协作。

Affinity 是一款注重建筑程序和原理图设计的 3D 设计软件,在设计初期通过 BIM 技术,将时间和空间相结合的设计理念融入建筑方案的每一个设计阶段中,结合精确的 2D 绘图和灵活的 3D 模型技术,创建出令业主满意的建筑方案。

其他的概念设计软件还有 Tekla Structure 和 5D 概念设计软件 Vico Office 等。

#### 2. BIM 核心建模软件

BIM 核心建模软件的英文通常叫"BIM Authoring Software",是 BIM 应用的基础,也是在 BIM 的应用过程中遇到的第一类 BIM 软件,简称"BIM 建模软件"。

BIM 核心建模软件公司主要有 Autodesk、Bentley、Graphisoft 以及 Gery Technology 等。各自旗下的软件见表 3-1。

表 3-1　　　　　　　　　　BIM 核心建模软件

| 公司 | Autodesk | Bentley | Graphisoft | Gery Technology |
|---|---|---|---|---|
| 软件 | Revit Architecture | Bentley Architecture | ArchiCAD | Digital Project |
| | Revit Structural | Bentley Structural | AllPLAN | CATIA |
| | Revit MEP | Bentley Building Mechanical Systems | Vector works | —— |

(1)Autodesk 公司的 Revit 是运用不同的代码库及文件结构区别于 AutoCAD 的独立软件平台。Revit 采用全面创新的 BIM 概念,可进行自由形状建模和参数化设计,并且

还能够对早期设计进行分析。借助这些功能可以自由绘制草图,快速创建三维图形,交互地处理各个形状。可以利用内置的工具进行复杂形状的概念澄清,为建造和施工准备模型。随着设计的持续推进,软件能够围绕最复杂的形状自动构建参数化框架,提供更高的创建控制能力、精确性和灵活性。从概念模型到施工文档的整个设计流程都在一个直观环境中完成。并且该软件还包含了绿色建筑可扩展标记语言模式(Green Building XML,GBXML),为能耗模拟、荷载分析等提供了工程分析工具,并且与结构分析软件R0-BOT、RISA等具有互用性,与此同时,Revit还能利用其他概念设计软件、建模软件(如Sketch-up)等导出的DXF文件格式的模型或图纸输出为BIM模型。

(2)Bentley公司的Bentley Architecture是集直觉式用户体验交互界面、概念及方案设计功能、灵活便捷的2D/3D工作流建模及制图工具、宽泛的数据组及标准组件库定制技术于一身的BIM建模软件,是BIM应用程序集成套件的一部分,可针对设施的整个生命周期提供设计、工程管理、分析、施工与运营之间的无缝集成。在设计过程中,不但能让建筑师直接使用许多国际或地区性的工程业界的规范标准进行工作,更能通过简单的自定义或扩充,以满足实际工作中不同项目的需求,让建筑师能拥有进行项目设计、文件管理及展现设计所需的所有工具。目前在一些大型复杂的建筑项目、基础设施和工业项目中应用广泛。

(3)ArchiCAD是Graphisoft公司的产品,其基于全三维的模型设计,拥有强大的平、立、剖面施工图设计、参数计算等自动生成功能,以及便捷的方案演示和图形渲染,为建筑师提供了一个无与伦比的"所见即所得"的图形设计工具。它的工作流是集中的,其他软件同样可以参与虚拟建筑数据的创建和分析。ArchiCAD拥有开放的架构并支持IFC标准,它可以轻松地与多种软件连接并协同工作。以ArchiCAD为基础的建筑方案可以广泛地利用虚拟建筑数据并覆盖建筑工作流程的各个方面。

(4)Digital Project是Gery Technology公司在CATIA基础上开发的一个面向工程建设行业的应用软件(二次开发软件),它能够设计任何几何造型的模型,支持导入特制的复杂参数模型构件,如支持基于规则的设计复核的Knowledge Expert构件;根据所需功能要求优化参数设计的Project Engineering Optimizer构件;跟踪管理模型的Project Manager构件。另外,Digital Project软件支持强大的应用程序接口。对于建立了本国建筑业建设工程项目编码体系的许多国家,如美国、加拿大等,可以将建设工程项目编码如美国所采用的Uniformat和Masterformat体系导入Digital Project软件,以方便工程预算。

因此,对于一个项目或企业BIM核心建模软件技术路线的确定,可以考虑如下基本原则:

(1)民用建筑可选用Autodesk Revit;
(2)工厂设计和基础设施可选用Bentley;
(3)专业建筑事务所选择ArchiCAD、Revit、Bentley都有可能成功;
(4)项目完全异形、预算比较充裕的可以选择Digital Project。

### 3.2.3 BIM 建模软件的选择

在 BIM 实施中会涉及许多相关软件,其中最基础、最核心的是 BIM 建模软件。建模软件是 BIM 实施中最重要的资源和应用条件,无论是项目型 BIM 应用或是企业 BIM 实施,选择好 BIM 建模软件都是一项重要工作。应当指出,不同时期由于软件的技术特点和应用环境以及专业服务水平的不同,选用 BIM 建模软件也有很大的差异。而软件投入又是一项投资大、技术性强、主观难于判断的工作。因此在选用软件上应采取相应的方法和程序,以保证软件的选用符合项目或企业的需要。对具体建模软件进行分析和评估,一般经过初选、测试及评价、审核批准及正式应用、BIM 软件定制开发等阶段。

**1. 初选**

初选应考虑的因素:
(1) 建模软件是否符合企业的整体发展战略规划;
(2) 建模软件对企业业务带来的收益可能产生的影响;
(3) 建模软件部署实施的成本和投资回报率估算;
(4) 企业内部设计专业人员接受的意愿和学习难度等。

在此基础上,形成建模软件的分析报告。

**2. 测试及评价**

由信息管理部门负责并召集相关专业人员参与,在分析报告的基础上选定部分建模软件进行使用测试,测试的过程包括:
(1) 建模软件的性能测试,通常由信息部门的专业人员负责;
(2) 建模软件的功能测试,通常由抽调的部分设计专业人员进行;
(3) 有条件的企业可选择部分试点项目,进行全面测试,以保证测试的完整性和可靠性。

在上述测试工作基础上,形成 BIM 应用软件的测试报告和备选软件方案。在测试过程中,评价指标包括:

① 功能性:是否适合企业自身的业务需求,与现有资源的兼容情况比较;
② 可靠性:软件系统的稳定性及与业内的成熟度的比较;
③ 易用性:从易于理解、易于学习、易于操作等方面进行比较;
④ 效率:资源利用率等的比较;
⑤ 维护性:对软件系统是否易于维护,故障分析、配置变更是否方便等进行比较;
⑥ 可扩展性:应适应企业未来的发展战略规划;
⑦ 服务能力:软件厂家的服务质量、技术能力等。

**3. 审核批准及正式应用**

由企业的信息管理部门负责,将 BIM 软件分析报告、测试报告、备选软件方案,一并上报给企业的决策部门审核批准,经批准后列入企业的应用工具集,并全面部署。

**4. BIM 软件定制开发**

个别有条件的企业,可结合自身业务及项目特点,注重建模软件功能定制开发,提升建模软件的有效性。

## 3.3　BIM 工具软件

BIM 工具软件是 BIM 软件的重要组成部分，常见 BIM 工具软件分类如图 3-2 所示，常见 BIM 工具软件的举例见表 3-2。

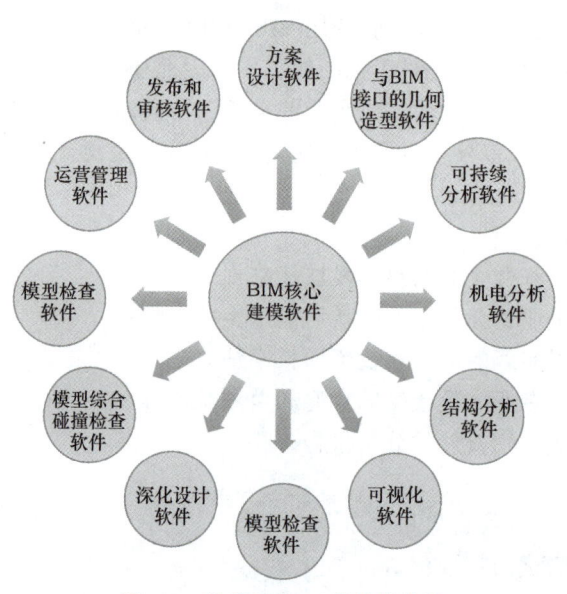

图 3-2　常见 BIM 工具软件分类

表 3-2　常见 BIM 工具软件的举例

| BIM 核心建模软件 | 常见 BIM 工具软件 | 功能 |
| --- | --- | --- |
| 方案设计软件 | Onuma Planning System Affinity | 把业主设计任务书里面基于数字的项目要求转化成基于几何形体的建筑方案 |
| 与 BIM 接口的几何造型软件 | Sketchup、Rhino、FormZ | 其成果可以作为 BIM 核心建模软件的输入 |
| 可持续（绿色）分析软件 | Echotect、IES、Green Building Studio、PKPM | 利用 BIM 模型的信息对项目进行日照、风环境、热工、噪声等方面的分析 |
| 机电分析软件 | Designmaster、IES、Virtual Environment、Trane Trace | 解决深化设计中的管线综合及碰撞调整、精细化材料统计、深化设计出图、协同开洞等问题 |
| 结构分析软件 | ETABS、STAAD、Robot、PKPM | 结构分析软件和 BIM 核心建模软件两者之间可以实现双向信息交换 |
| 可视化软件 | 3DS Max、Artlantis、AccuRender、Light-scape | 减少建模工作量、提高精度与设计（实物）的吻合度、可快速产生可视化效果 |

(续表)

| BIM 核心建模软件 | 常见 BIM 工具软件 | 功能 |
| --- | --- | --- |
| 二维绘图软件 | AutoCAD、Microstation | 配合现阶段 BIM 软件的直接输出还不能满足市场对施工图的要求 |
| 发布和审核软件 | Autodesk Design Review、Adobe PDF、Adobe 3D PDF | 把 BIM 成果发布成静态或轻型的，供参与方进行审核或利用 |
| 模型检查软件 | Solibri Model Checker | 用来检查模型本身的质量和完整性 |
| 深化设计软件 | Xsteel、Autodesk Navisworks、Bentley ProjectWise、Navigator、Solibri Model Checker | 检查冲突与碰撞、模拟分析施工过程、评估建造是否可行、优化施工进度、三维漫游等 |
| 造价管理软件 | Innovaya、Solibri | 利用 BIM 模型提供的信息进行工程量统计和造价分析 |
| 协同平台软件 | Bentley ProjectWise、FTP Sites | 将项目全生命周期中的所有信息进行集中、有效的管理，提升工作效率及生产力 |
| 运营管理软件 | ArchiBUS | 提高工作场所利用率，建立空间使用标准和基准，建立和谐的内部关系，减少纷争 |

## 3.4　工程实施各阶段 BIM 软件

### 3.4.1　招投标阶段的 BIM 工具软件应用

**1. 算量软件**

招投标阶段的 BIM 工具软件主要是各个专业的算量软件。基于 BIM 技术的算量软件是在中国最早得到规模化应用的 BIM 应用软件，也是最成熟的 BIM 应用软件之一。

算量工作是招投标阶段最重要的工作之一，对建筑工程建设的投资方及承包方均具有重大意义。在算量软件出现之前，预算员按照当地计价规则进行手工列项，并依据图纸进行工程量统计及计算，工作量很大。人们总结出分区域、分层、分段、分构件类型、分轴线号等多种统计方法，但工程量统计依然是效率低下，并且容易发生错误。

基于 BIM 技术的算量软件能够自动按照各地清单、定额规则，利用三维图形技术，进行工程量自动统计、扣减计算,并进行报表统计,大幅度提高了预算员的工作效率。

按照技术实现方式区分,基于BIM技术的算量软件分为两类:基于独立图形平台的和基于BIM基础软件进行二次开发的。这两类软件的操作习惯有较大的区别,但都具有以下特征:

(1)基于三维模型进行工程量计算。在算量软件发展的前期,曾经出现基于平面及高度的2.5维计算方式,目前已逐步被三维技术方式所替代。值得注意的是,为了快速建立三维模型,并且与之前的用户习惯保持一致,多数算量软件依然以平面为主要视图进行模型的构建,并且使用三维的图形算法,可以处理复杂的三维构件的计算。

(2)支持按计算规则自动算量。其他的BIM应用软件,包括基于BIM技术的设计软件往往也具备简单的汇总、统计功能,基于BIM技术的算量软件与其他BIM应用软件的主要区别在于,是否可以自动处理工程量计算规则。计算规则即各地清单、定额规范中规定的工程量统计规则,比如小于一定规格的墙洞将不列入墙工程量统计,也包括墙、梁、柱等各种不同构件之间的重叠部分的工程量如何进行扣减及归类,全国各地、甚至各个企业均有可能采取不同的规则。计算规则的处理是算量工作中最为烦琐及复杂的内容,目前专业的算量软件一般都比较好地自动处理了计算规则,并且大多内置了各种计算规则库。同时,算量软件一般还提供工程量计算结果的计算表达式反查、与模型对应确认等专业功能,让用户复核计算规则的处理结果,这也是基础的BIM应用软件不能提供的。

(3)支持三维模型数据交换标准。算量软件以前只作为一个独立的应用,包含建立三维模型、进行工程量统计、输出报表等完整的应用。随着BIM技术的日益普及,算量软件导入上游的设计软件建立的三维模型,将所建立三维模型及工程量信息输出到施工阶段的应用软件,进行信息共享以减少重复工作,已经逐步成为人们对算量软件的一个基本要求。

以某软件为例,算量软件主要功能如下:

(1)设置工程基本信息及计算规则。计算规则设置分梁、墙、板、柱等建筑构件进行设置。算量软件都内置了全国各地的清单及定额规则库,用户一般情况下可以直接选择地区进行设置规则。

(2)建立三维模型。建立三维模型包括手工建模、CAD识别建模、从BIM设计模型导入等多种模式。

(3)进行工程量统计及报表输出。目前多数的算量软件已经实现自动工程量统计,并且预设了报表模板,用户只需要按照模板输出报表。

目前国内招投标阶段的BIM应用软件主要包括广联达科技股份有限公司(简称广联达)、上海鲁班软件股份有限公司(简称鲁班)、深圳市清华斯维尔软件科技有限公司(简称斯维尔)等公司的产品,见表3-3。

**2.造价软件**

国内主流的造价类软件主要分为计价和算量两类软件,由于计价类软件需要遵循各地的定额规范,鲜有国外软件竞争。而国内算量软件大部分为基于自主开发平台,如广联达算量、斯维尔算量;有的基于AutoCAD平台,如鲁班算量。这些软件均基于三维技术,可以自动处理算量规则,但在与设计类软件及其他类软件的数据接口方面普遍处于起步阶段,大多数属于准BIM应用软件范畴。

表 3-3　　　　　　　　　　国内招投标阶段常用 BIM 应用软件

| 序号 | 名称 | 说明 | 软件产品 |
| --- | --- | --- | --- |
| 1 | 土建算量软件 | 统计工程项目的混凝土、模板、砌体、门窗的建筑及结构部分的工程量 | 广联达土建算量<br>鲁班土建算量<br>斯维尔三维算量 |
| 2 | 钢筋算量软件 | 由于钢筋算量的特殊性,钢筋算量一般单独统计。国内的钢筋算量软件普遍支持平法表达,能够快速建立钢筋模型 | 广联达钢筋算量<br>鲁班钢筋算量<br>斯维尔三维算量 |
| 3 | 安装算量软件 | 统计工程项目的机电工程量 | 广联达安装算量<br>鲁班安装算量<br>斯维尔安装算量 |
| 4 | 精装算量软件 | 统计工程项目室内装修,包括墙面、地面等装饰的精细计量 | 广联达精装算量 |
| 5 | 钢结构算量软件 | 统计钢结构部分的工程量 | 鲁班钢结构算量<br>广联达钢结构算量 |

### 3.4.2　深化设计阶段的 BIM 工具软件应用

深化设计是在工程施工过程中,在设计院提供的施工图设计基础上进行详细设计以满足施工要求的设计活动。BIM 技术因为其直观形象的空间表达能力,能够很好地满足深化设计、关注细部设计、精度要求高的特点,基于 BIM 技术的深化设计软件得到越来越多的应用,也是 BIM 技术应用最成功的领域之一。基于 BIM 技术的深化设计软件包括机电深化设计、钢结构深化设计、幕墙深化设计、碰撞检查等软件。

**1. 机电深化设计软件**

机电深化设计是在机电施工图的基础上进行二次深化设计,包括安装节点详图、支吊架的设计、设备的基础图、预留孔图、预埋件位置和构造补充设计,以满足实际施工要求。国内外常用 Mechanical、Electrical、Plumbing,简称 MEP,即机械、电气、管道,作为机电专业的简称。

机电深化主要包括专业深化设计与建模、管线综合、多方案比较、设备机房深化设计、预留预埋设计、综合支吊架设计、设备参数复核计算等。机电深化设计的难点在于复杂的空间关系,特别是在地下室、机房及周边的管线密集区域的处理尤其困难。传统的二维设计在处理这些问题时严重依赖于工程师的空间想象力和经验,经常由于设计不到位、管线发生碰撞而导致施工返工,造成人力物力的浪费、工程质量的降低及工期的拖延。

基于 BIM 技术的机电深化设计软件的主要特征包括以下方面:

(1) 基于三维图形技术。很多机电深化设计软件,包括 AutoCAD MEP、MagiCAD 等,为了兼顾用户的使用习惯,同时具有二维及三维的建模能力,内部完全应用三维图形技术。

（2）可以建立机电包括通风空调、给水排水、电气、消防等多个专业管线、通头、末端等构件。多数机电深化软件，如 AutoCAD MEP、MagiCAD 都内置支持参数化方式建立常见机电构件；Revit MEP 还提供了族库等功能，供用户扩展系统内置构件库，能够处理内置构件库不能满足的构件形式。

（3）设备库的维护。常见的机电设备种类繁多，具有庞大的数量，对机电设备进行选择，并确定其规格、型号、性能参数，是机电深化设计的重要内容之一。优秀的机电深化设计软件往往提供可扩展的机电设备库，并允许用户对机电设备库进行维护。

（4）支持三维数据交换标准。机电深化设计软件需要从建筑设计软件导入建筑模型以辅助建模；同时，还需要将深化设计结果导出到模型浏览、碰撞检查等其他 BIM 应用软件中。

（5）内置支持碰撞检查功能。建筑项目设计过程中，大部分冲突及碰撞发生在机电专业。越来越多的机电深化设计软件内置支持碰撞检查功能，将管线综合的碰撞检查、整改及优化的整个流程在同一个机电深化设计软件中实现，使得用户的工作流程更加顺畅。

（6）绘制出图。目前国内的设计依据还是二维图纸，机电深化设计的结果必须表达为二维图纸，现场施工工人也习惯于参考图纸进行施工。因此，深化设计软件需要提供绘制二维图纸的功能。

（7）机电设计校验计算。机电深化设计过程中，往往需要对设备位置、系统的线路、管道和风管等相应移位或长度进行调整，会导致运行时电气线路压降、管道管路阻力、风管的风量和阻力等发生变化。机电深化设计软件应该提供校验计算功能，核算设备能力是否满足要求，如果能力不能满足或能力有过量富余时，则需对原有设计选型的设备规格中的某些参数进行调整。例如，管道工程中水泵的扬程、空调工程中风机的风量，电气工程中电缆截面积等。

目前国内应用的基于 BIM 技术的机电深化设计软件主要包括国外的 MagiCAD、Revit MEP、AutoCAD MEP 以及国内的天正、理正、鸿业、PKPM 等，见表 3-4。

这些软件均基于三维技术，其中 MagiCAD、Revit MEP、AutoCAD MEP 等软件支持 IFC 文件的导入、导出，支持模型与其他专业以及其他软件进行数据交换，而天正、理正、鸿业、PKPM 等设备软件在支持 IFC 数据标准和模型数据交换能力方面有待进一步加强。

表 3-4　　常用的基于 BIM 技术的机电深化设计软件

| 序号 | 软件名称 | 说明 |
| --- | --- | --- |
| 1 | MagiCAD | 基于 AutoCAD 及 Revit 双平台运行；MagiCAD 软件在专业性上很强，功能全面，提供了风系统、水系统、电气系统、电气回路、系统原理图设计、房间建模、舒适度及能耗分析、管道综合支吊架设计等模块，提供剖面、立面出图功能，并在系统中内置了超过 100 万个设备信息 |

(续表)

| 序号 | 软件名称 | 说明 |
|---|---|---|
| 2 | Revit MEP | 在 Revit 平台基础上开发,主要包含暖通风道及管道系统、电力照明、给水排水等专业。与 Revit 平台操作一致,并且与建筑专业 Revit Architecture 数据可以互联互通 |
| 3 | AutoCAD MEP | 在 AutoCAD 平台基础上开发;操作习惯与 CAD 保持一致,并提供剖面、立面出图功能 |
| 4 | 天正给排水系统 T-WT<br>天正暖通系统 T-HVAC | 基于 AutoCAD 平台研发;包含给排水及暖通两个专业,含管件设计、材料统计、负荷计算、水路、水利计算等功能 |
| 5 | 理正电气<br>理正给排水<br>理正暖通 | 基于 AutoCAD 平台研发;包含电气、给水排水、暖通等专业。包含建模、生成统计表、负荷计算等功能。但是,理正机电软件目前并不支持 IFC 标准 |
| 6 | 鸿业给排水系列软件<br>鸿业暖通空调设计软件<br>HYACS | 基于 AutoCAD 平台研发;鸿业软件专业区分比较细,分为多个软件。包含给水排水、暖通等专业的软件 |
| 7 | PKPM 设备系列软件 | 基于自主图形平台研发;专业划分比较细,分为多个专业软件组成了设备系列软件。主要包括给水排水绘图软件(WPM)、室外给水排水设计软件(WNET)、建筑采暖设计软件(HPM)、室外热网设计软件(HNET)、建筑电气设计软件(EPM)、建筑通风空调设计软件(CPM)等 |

**2.钢结构深化设计软件**

钢结构深化设计的目的主要体现在以下方面:

(1)材料优化。通过深化设计计算杆件的实际应力比,对原设计截面进行改进,以降低结构的整体用钢量。

(2)确保安全。通过深化设计对结构的整体安全性和重要节点的受力进行验算,确保所有的杆件和节点满足设计要求,确保结构使用安全。

(3)构造优化。通过深化设计对杆件和节点进行构造的施工优化,使杆件和节点在实际的加工制作和安装过程中变得更加合理,提高加工效率和加工安装精度。

(4)通过深化设计,对栓接接缝处的连接板进行优化、归类、统一,减少品种、规格,使杆件和节点进行归类编号,形成流水加工,大大提高加工速度。

钢结构深化设计因为其突出的空间几何造型特性,平面设计软件很难满足要求,BIM应用软件出现后,在钢结构深化设计领域得到快速的应用。

基于 BIM 技术的钢结构深化设计软件的主要特征包括以下方面:

(1)基于三维图形技术。因为钢结构的构件具有显著的空间布置特点,钢结构深化设计软件需要基于三维图形进行建模及计算。并且,与其他基于平面视图建模的基于 BIM 技术的设计软件不同,多数钢结构都是基于空间进行建模的。

(2)支持参数化建模,可以用参数化方式建立钢结构的杆件、节点、螺栓。如杆件截面形态包括工字、L 形、口字等多种形状,用户只需要选择截面形态,并且设置截面长、宽等参数信息就可以确定构件的几何形状,而不需要处理杆件的每个零件。

(3)支持节点库。节点的设计是钢结构设计中比较烦琐的过程。优秀的钢结构设计软件,如 Tekla,内置支持常见的节点连接方式,用户只需要选择需要连接的杆件,并设置节点连接的方式及参数,系统就可以自动建立节点板、螺栓,大量节省用户的建模时间。

(4)支持三维数据交换标准。钢结构机电深化设计软件与建筑设计导入其他专业模型以辅助建模;同时,还需要将深化设计结果导出到模型浏览、碰撞检测等其他 BIM 应用软件中。

(5)绘制出图。目前国内设计依据还是二维图纸,钢结构深化设计的结果必须表达为二维图纸,现场施工工人也习惯于参考图纸进行施工。因此,深化设计软件需要提供绘制二维图纸功能。

目前常用的钢结构深化设计软件多为国外软件,国内软件很少,见表 3-5。

表 3-5　　　　常用的基于 BIM 技术的钢结构深化设计软件

| 软件名称 | 国家 | 主要功能 |
| --- | --- | --- |
| BoCAD | 德国 | 三维建模,双向关联,可以进行较为复杂的节点、构件的建模 |
| Tekla | 芬兰 | 三维钢结构建模,进行零件安装,总体布置图及各构件参数、零件数据、施工详图自动生成,具备校正检查的功能 |
| Strucad | 英国 | 三维构件建模,进行详图布置等。复杂空间结构建模困难,复杂节点、特殊构件难以实现 |
| SDS/2 | 美国 | 三维构件建模,按照美国标准设计的节点库 |
| STS | 中国 | PKPM 钢结构设计软件(STS)主要面向的市场是设计院客户 |

以 Tekla 为例,钢结构深化设计的主要步骤如下:

(1)确定结构整体定位轴线。建立结构的所有重要定位轴线,帮助后续的构件建模进行快速定位。同工程所有的深化设计必须使用同一个定位轴线。

(2)建立构件模型。每个构件在截面库中选取钢柱或钢梁截面,进行柱、梁等构件的建模。

(3)进行节点设计。钢梁及钢柱创建好后,在节点库中选择钢结构常用节点,采用软件参数化节点能快速、准确建立构件节点。当节点库中无该节点类型,而在该工程中又存在大量的该类型节点,可在软件中创建人工智能参数化节点,以达到设计要求。

(4)进行构件编号。软件可以自动根据预先给定的构件编号规则,按照构件的不同截面类型对各构件及节点进行整体编号命名及组合,相同构件及板件所命名称相同。

(5)出构件深化图纸。软件能根据所建的三维实体模型导出图纸,图纸与三维模型保持一致,当模型中构件有所变更时,图纸将自动进行调整,保证了图纸的正确性。

### 3.幕墙深化设计软件

幕墙深化设计主要是对建筑的幕墙进行细化补充设计及优化设计,如幕墙收口部位的设计、预埋件的设计、材料用量优化、局部的不安全及不合理做法的优化等。幕墙设计非常烦琐,深化设计人员对基于 BIM 技术的设计软件呼声很高,市场需求较大。

**4. 碰撞检查软件**

碰撞检查,也叫多专业协同、模型检测,是一个多专业协同检查过程,将不同专业的模型集成在同一平台中并进行专业之间的碰撞检查及协调。碰撞检查主要发生在机电的各个专业之间,机电与结构的预留预埋、机电与幕墙、机电与钢筋之间的碰撞也是碰撞检查的重点及难点内容。在传统的碰撞检查中,用户将多个专业的平面图纸叠加,并绘制负责部位的削面图,判断是否发生碰撞。这种方式效率低下,很难进行完整的检查,往往在设计中遗留大量的多专业碰撞及冲突问题,是造成工程施工过程中返工的主要因素之一。基于 BIM 技术的碰撞检查具有显著的空间能力,可以大幅度提升工作效率,是 BIM 技术应用中的成功应用点之一。

基于 BIM 技术的碰撞检查软件具有以下主要特征:

(1)基于三维图形技术。碰撞检查软件基于三维图形技术,能够应对二维技术难以处理的空间维度冲突,这是显著提升碰撞检查效率的主要原因。

(2)支持三维模型的导入。碰撞检查软件自身并不建立模型,需要从其他三维设计软件,如 Revit、ArchiCAD、MagiCAD、Tekla、Bentley 等建模软件导入三维模型。因此,广泛支持三维数据交换格式是碰撞检查软件的关键能力。

(3)支持不同的碰撞检查规则,比如同文件的模型是否参加碰撞,参与碰撞的构件的类型等。碰撞检查规则可以帮助用户精细控制碰撞检查的范围。

(4)具有高效的模型浏览效率。碰撞检查软件集成了各个专业的模型,比单专业的设计软件需要支持的模型更多,对模型的显示效率及功能要求更高。

(5)具有与设计软件的交互能力。碰撞检查的结果如何返回到设计软件中,帮助用户快速定位发生碰撞的问题并进行修改,是用户关注的焦点问题。目前碰撞检查软件与设计软件的互动分为两种方式:

①通过软件之间的通信。在同一台计算机上的碰撞检查软件与设计软件进行直接通信,在设计软件中定位发生碰撞的构件;

②通过碰撞结果文件。碰撞检测的结果导出为结果文件,在设计软件中可以加载该结果文件,定位发生碰撞的构件。目前常见碰撞检查软件包括 Autodesk 的 Navisworks、美国天宝公司的 TeklaBIMSight、芬兰的 Solibri 等,见表 3-6。国内软件包括广联达公司的 BIM 审图软件及鲁班 BIM 解决方案中的碰撞检查模块等。目前多数的机电深化设计软件也包含了碰撞检查模块,比如 MagiCAD、Revit MEP 等。

碰撞检查软件除了判断实体之间的碰撞(也被称作"硬碰撞"),也有部分软件进行了模型是否符合规范、是否符合施工要求的检测(也被称为"软碰撞"),比如芬兰的 Solibri 软件在软碰撞方面功能丰富,Solibri 提供了缺陷检测、建筑与结构的一致性检测、部分建筑规范如无障碍规范的检测等。目前,软碰撞检查还不如硬碰撞检查成熟,却是将来发展重点。

表 3-6　　　　　　　　　常用的基于 BIM 技术的碰撞检测软件

| 序号 | 软件名称 | 说明 |
|---|---|---|
| 1 | Navisworks | 支持市面上常见的 BIM 建模工具,包括 Revit、Bentley、ArchiCAD、MagiCAD、Tekla 等。"硬碰撞"效率高,应用成熟 |
| 2 | Solibri | 与 ArchiCAD、Tekla、MagiCAD 接口良好,也可以导入支持 IFC 的建模工具。Solibri 具有灵活的规则设置,可以通过扩展规则检查模型的合法性及部分建筑规范,如无障碍设计规范等 |
| 3 | TeklaBIMSight | 与 Tekla 钢结构深化设计集成接口好,也可以通过 IFC 导入其他建模工具生成的模型 |
| 4 | 广联达 BIM 审图软件 | 对广联达算量软件有很好的接口,与 Revit 有专用插件接口,支持 IFC 标准,可以导入 ArchiCAD、MagiCAD、Tekla 等软件的模型数据。除了"硬碰撞",还支持模型合法性检测等"软碰撞"功能 |
| 5 | 鲁班碰撞检查模块 | 属于鲁班 BIM 解决方案中的一个模块,支持鲁班算量建模结果 |
| 6 | MagiCAD 碰撞检查模块 | 属于 MagiCAD 的一个功能模块,将碰撞检查与调整优化集成在同一个软件中,处理机电系统内部碰撞的效率很高 |
| 7 | Revit MEP 碰撞检查模块 | Revit 软件的一个功能,将碰撞检查与调整优化集成在同一个软件中,处理机电系统内部碰撞的效率很高 |

### 3.4.3　施工阶段的 BIM 工具软件应用

**1. 施工阶段用于技术的 BIM 工具软件应用**

施工阶段的 BIM 工具软件是新兴的领域,主要包括施工场地、模板及脚手架建模软件、钢筋翻样、变更计量、5D 管理等软件。

(1)施工场地布置软件

施工场地布置是施工组织设计的重要内容,在工程红线内,通过合理划分施工区域,减少各项施工的相互干扰,使得场地布置紧凑合理,运输更加方便,能够满足安全防火、防盗的要求。

BIM 技术的施工场地布置是基于 BIM 技术提供内置的构件库进行管理的,用户可以用这些构件进行快速建模,并且可以进行分析及用料统计。基于 BIM 技术的施工场地布置软件具有以下特征:

①基于三维建模技术。

②提供内置的、可扩展的构件库。基于 BIM 技术的施工场地布置软件提供施工现场的场地、道路、料场、施工机械等内置的构件库,用户可以和工程实体设计软件一样,使用这些构件库在场地上布置并设置参数,快速建立模型。

③支持三维数据交换标准。场地布置可以通过三维数据交换导入拟建工程实体,也可以将场地布置模型导出到后续的BIM工具软件中。

目前,国内已经发布的三维场地布置软件包括广联达三维场地布置软件、斯维尔平面图制作系统、PKPM三维现场平面图软件等,见表3-7。

表3-7 常用的基于BIM技术的主要三维场地布置软件

| 序号 | 软件名称 | 说明 |
| --- | --- | --- |
| 1 | 广联达三维场地布置软件 3D-GCP | 支持二维图纸识别建模,内置施工现场的常用构件,如板房、料场、塔吊、施工电梯、道路、大门、围栏、标语牌、旗杆等,建模效率高 |
| 2 | 斯维尔平面图制作系统 | 基于CAD平台开发,属于二维平面图绘制工具,不是严格意义上的BIM工具软件 |
| 3 | PKPM三维现场平面图软件 | PKPM三维现场平面图软件支持二维图纸识别建模,内置施工现场的常用构件和图库,可以通过拉伸、翻样支持较复杂的现场形状,如复杂基坑的建模。包括贴图、视频制作功能 |

下面以一个三维场地布置软件为例,施工现场的布置软件主要操作流程如下:

①导入二维场地布置图。本步骤为可选步骤,导入场地布置图可以快速精准地定位构件,大幅度提高工作效率。

②利用内置构件库快速生成三维现场布置模型。内置的场地布置模型包括场地、道路、施工机械布置、临水临电布置等。

③进行合理性检查,包括塔吊冲突分析、违规提醒等。

④输出临时设施工程量统计。通过软件可以快速统计施工场地中临时设施工程量,并输出。

(2)模板脚手架设计软件

模板脚手架的设计是施工项目重要的周转性施工措施。因为模板脚手架设计的细节繁多,一般施工单位难以进行精细设计。基于BIM技术的模板脚手架软件在三维图形技术基础上,进行模板脚手架高效设计及验算,提供准确用量统计,与传统方式相比,大幅度提高了工作效率。如图3-3所示,是利用广联达模板脚手架软件完成模板脚手架设计的一个典型例子。

基于BIM技术的模板脚手架软件具有以下特征:

①基于三维建模技术。

②支持三维数据交换标准。工程实体模型需要通过三维数据交换标准从其他设计软件导入。

③支持模板、脚手架自动排布。

④支持模板、脚手架的自动验算及自动材料统计。

目前常见的模板脚手架软件包括广联达模板脚手架设计软件,PKPM模板脚手架设计软件,建筑脚手架、模板施工安全设施计算软件,恒智天成建筑安全设施计算软件等,见表3-8。

图 3-3　利用广联达模板脚手架软件完成模板脚手架设计实例

表 3-8　　　　　　　　常用的基于 BIM 技术的主要模板脚手架软件

| 序号 | 名称 | 说明 |
| --- | --- | --- |
| 1 | 广联达模板脚手架设计软件 | 支持二维图纸识别建模,也可以导入广联达算量产生的实体模型辅助建模。具有自动生成模架、设计验算及生成计算书功能 |
| 2 | PKPM 模板脚手架设计软件 | 脚手架设计软件可建立多种形状及组合形式的脚手架三维模型,生成脚手架立面图、脚手架施工图和节点详图;可生成用量统计表;可进行多种脚手架形式的规范计算;提供多种脚手架施工方案模板。模板设计软件适用于大模板、组合模板、胶合板和木模板的墙、梁、柱、楼板的设计、布置及计算。能够完成各种模板的配板设计、支撑系统计算、配板详图、统计用表及提供丰富的节点构造详图 |
| 3 | 建筑脚手架、模板施工安全设施计算软件 | 汇集了常用的施工现场安全设施的类型,能进行常用的计算,并提供常用数据参考。脚手架工程包含落地式、悬挑式、满堂式等多种搭设形式和钢管扣件式、碗扣式、承插型盘扣式等多种类型脚手架,并提供相应模板支架计算。模板工程包含梁、板、墙、柱模板及多种支撑架计算,包含大型桥梁模板支架计算 |
| 4 | 恒智天成建筑安全设施计算软件 | 能计算设计多种常用形式的脚手架,如落地式、悬挑式、附着式等;能计算设计常用类型的模板,如大模板、梁墙柱模板等;能编制安全设施计算书;编制安全专项方案书;同步生成安全方案报审表、安全技术交底;编制施工安全应急预案;进行建筑施工技术领域的计算 |

(3)5D 施工管理软件

基于 BIM 技术的 5D 施工管理软件需要支持场地、施工措施、施工机械的建模及布置。主要具有如下特征:

①支持施工流水段及工作面的划分。工程项目比较复杂,为了保证有效利用劳动力,施工现场往往划分为多个流水段或施工段,以确保充足的施工工作面,使得施工劳动力能

充分开展。支持流水段划分是基于 BIM 技术的 5D 施工管理软件的关键能力。

②支持进度与模型的关联。基于 BIM 技术的 5D 施工管理软件需要将工程项目实体模型与施工计划进行关联,以及不同时间节点施工模型的布置情况。

③可以进行施工模拟。基于 BIM 技术的 5D 施工管理软件可以对施工过程进行模拟,让用户在施工之前能够发现问题,并进行施工方案的优化。施工模拟包括:随着时间的增长对实体工程的进展情况的模拟,对不同时间节点(工况)大型施工措施及场地的布置情况的模拟,不同时间段流水段及工作面的安排的模拟,以及对各个时间阶段,如每月、每周的施工内容、施工计划、资金、劳动力及物资需求的分析。

④支持施工过程结果跟踪和记录,如施工进度、施工日报、质量、安全情况记录。见表 3-9,目前基于 BIM 技术的 5D 施工管理主流软件主要包括:广联达 BIM 5D 软件、RIB 公司的 iTWO 软件、Vico 软件公司的 Vico 软件、易达 5D-BIM 软件等。

表 3-9 常用的基于 BIM 技术的 5D 施工管理软件

| 序号 | 软件名称 | 说明 |
| --- | --- | --- |
| 1 | 广联达 BIM 5D 软件 | 具有流水段划分、浏览任意时间点施工工况,提供各个施工期间的施工模型、进度计划、资源消耗量等功能;支持建造过程模拟,包括资金及主要资源模拟;可以跟踪过程进度、质量、安全问题记录。支持 Revit 等软件 |
| 2 | RIB iTWO | 旨在建立 BIM 工具软件与管理软件 ERP 之间的桥梁,融基于 BIM 技术的算量、计价、施工过程成本管理为一体。支持 Revit 等建模工具 |
| 3 | Vico 办公室套装 | 具有流水段划分、流线图进度管理等特色功能;支持 Revit、ArchiCAD、CAD、Tekla 等软件 |
| 4 | 易达 5D-BIM 软件 | 可以按照进度浏览构件的基础属性、工程量等信息。支持 IFC 标准 |

以下为利用 5D 施工管理软件进行工程管理的一般流程:

a. 设置工程基本信息,包括楼层标高、机电系统设置等。

b. 导入所建立的三维工程实体模型。

c. 将实体模型与进度计划进行关联。

d. 按照工程进度计划设置各个阶段施工场地、大型施工机械的布置、大型设施的布置。

e. 为现场施工输出每月、每周的施工计划、施工内容,所需的人工、材料、机械需求,指导每个阶段的施工准备工作。

f. 记录实际施工进度记录、质量以及安全问题。

g. 在项目周例会上进行进度偏差分析,并确定调整措施。

h. 持续执行直到项目结束。

(4)钢筋翻样软件

钢筋翻样软件是利用 BIM 技术,利用平法对钢筋进行精细布置及优化,帮助用户进行翻样的软件,能够显著提高翻样人员的工作效率,逐步得到推广应用。

基于BIM技术的钢筋翻样软件主要特征如下：

①支持建立钢筋结构模型，或者通过三维数据交换标准导入结构模型。钢筋翻样是在结构模型的基础上进行钢筋的详细设计，结构模型可以从其他软件，包括结构设计软件或者算量模型导入。部分钢筋翻样软件也可以从CAD图纸直接识别建模。

②支持钢筋平法。钢筋平法已经在国内设计领域得到广泛的应用，能够大幅度地简化设计结果的表达。钢筋翻样软件支持钢筋平法，工程翻样人员可以高效地输入钢筋信息。

③支持钢筋优化断料。钢筋翻样需要考虑如何合理利用钢筋原材料，减少钢筋的废料、余料，降低损耗。钢筋翻样软件通过设置模数、提供多套原材料长度自动优化方案，最终达到废料、余料最少，从而节省钢筋用量的目的。

④支持料表输出。钢筋翻样工程普遍接受钢筋料表作为钢筋加工的依据。钢筋翻样软件支持料单输出、生成钢筋需求计划等。

当前基于BIM技术的钢筋翻样软件主要包括广联达施工翻样软件（GFY）、鲁班钢筋软件（下料版）等。也有用户通用平台Revit、Tekla土建模块等国外软件进行翻样。

(5)变更计量软件

基于BIM技术的变更计量软件包括以下特征：

①支持三维模型数据交换标准。变更计量软件可以导入其他BIM应用软件模型，特别是基于BIM技术的算量软件建立的算量模型。理论上，BIM模型可以使用不同的软件建立，但多数情况下由同一软件公司的算量软件建立。

②支持变更工程量自动统计。变更工程量计算可以细化到单构件，由用户根据施工进展情况判断变更工程量如何进行统计，包括对已经施工部分、已经下料部分、未施工部分的变更分别进行处理。

③支持变更清单汇总统计。变更计量软件需要支持按照清单的口径进行变更清单的汇总输出，也可以直接输出工程量到计价软件中进行处理，形成变更清单。

**2. 施工阶段用于管理的BIM工具软件应用**

(1)BIM平台软件

BIM平台软件是基于网络及数据库技术，将不同的BIM工具软件连接到一起，以满足用户对于协同工作的需求。从技术角度上讲，BIM平台软件是一个将模型数据存储于统一的数据库中，并且为不同的应用软件提供访问接口，从而实现不同的软件协同工作。从某种意义上讲，BIM平台软件是在后台进行服务的软件，与一般终端用户并不一定直接交互。

BIM平台软件的特性包括：

①支持工程项目模型文件管理，包括模型文件上传、下载、用户及权限管理；有的BIM平台软件支持将一个项目分成多个子项目，整个项目的每个专业或部分都属于其中的子项目，子项目包含相应的用户和授权；另一方面，BIM平台软件可以将所有的子项目无缝集成到主项目中。

②支持模型数据的签入签出及版本管理。不同专业模型数据在每次更新后，能立即合并到主项目中。软件能检测到模型数据的更新，并进行版本管理。"签出"功能可以跟

踪哪个用户正在进行模型的哪部分工作。如果此时其他用户上传了更新的数据，系统会自动发出警告。也就是说，软件支持协同工作。

③支持模型文件的在线浏览功能。这个特性不是必备的，但多数模型服务器软件均会提供模型在线浏览功能。

④支持模型数据的远程网络访问。BIM 工具软件可以通过数据接口来访问 BIM 平台软件中的数据，进行查询、修改、增加等操作。BIM 平台软件为数据的在线访问提供权限控制。

BIM 平台软件支持的文件格式包括：

①内部私有格式。如各厂商均支持通过内部私有格式，将文件存储到 BIM 平台软件，如 Autodesk 公司的 Revit 软件等存储到 BIM360 以及 Vault 软件中。

②公开格式。包括 IFC、IFCXML、CityGML、Collada 等。

常见的 BIM 平台软件包括 Autodesk BIM360、Vault、Buzzsaw、Bentley 公司的 Projectwise、GrahpicSoft 公司的 BIMServer 等，这些软件一般用于本公司内部的软件之间的数据交互及协同工作。另外，一些开源组织也开发了开放的基于 IFC 标准进行数据交换的 BIMServer。

(2)BIM 应用软件的数据交换

BIM 技术应用涉及专业软件工具，不同软件工具之间的数据交换会减少客户重复建模的工作量，对减少错误、提高效率有重大意义，也是 BIM 技术应用成功的最关键要求之一。

按照数据交换格式的公开与否，BIM 应用软件数据交换方式可以分为两种：

①基于公开的国际标准的数据交换方式。这种方式适用于所有的支持公开标准的软件之间，包括不同专业、不同阶段的不同软件，适用性最广，也是最推荐的方式之一。当时，由于公开数据标准自身的完善程度、不同厂商对于标准的支持力度不同，基于国际标准的数据交换往往取决于采用的标准及厂商的支持程度，支持及响应时间往往比较长。公有的 BIM 数据交换格式包括 IFC、COBIE 等多种。

②基于私有文件格式的数据交换方式。这种方式只能支持同一公司内部 BIM 应用软件之间的数据交换。在目前 BIM 应用软件专业性强、无法做到一家软件公司提供完整解决方案的情况下，基于私有文件格式的数据交换往往只能在个别软件之间进行。私有文件格式的数据交换是公有文件格式数据交换的补充，发生在公有文件格式不能满足要求，但又需要快速推进业务的情况下。私有公司的文件格式例子包括 Autodesk 公司的 DWG、NWC、广联达公司的 GFC、IGMS 等。

常见的公有 BIM 数据交换格式包括：

①IFC(Industry Foundation Classes)标准是 IAI(International Alliance of Interoperability，国际协作联盟)组织制定的面向建筑工程领域，公开和开放的数据交换标准。可以很好地用于异质系统交换和共享数据。IFC 标准也是当前建筑业公认的国际标准，在全球得到了广泛应用和支持。目前，多数 BIM 应用软件支持 IFC 格式。IFC 标准的变种包括 IFCXML 等格式。

②COBIE(Construction Operations Building Information Exchange)标准是一个施

工交付到运维的文件格式。在 2011 年 12 月,成为美国建筑科学院的标准(NBIMS-US)。COBIE 格式包括设备列表、软件数据列表、软件保证单、维修计划等在内的资产运营和维护所需的关键信息,它采用几种具体文件格式,包括 Excel、IFC、IFCXML 作为具体承载数据的标准。在 2013 年,Building SMART 组织也发布了一个轻量级的 XML 格式来支持 COBIE,即 COBie Lite 标准。

(3)BIM 应用软件与管理系统的集成

BIM 应用软件为项目管理系统提供有效的数据支撑,解决了项目管理系统数据来源不准确、不及时的问题。如图 3-4 所示,为 BIM 技术应用与项目管理系统框架,框架分基础层、服务层、应用层和表现层。应用层包括进度管理、合同管理、成本管理、劳务管理、图纸管理、变更管理等应用。

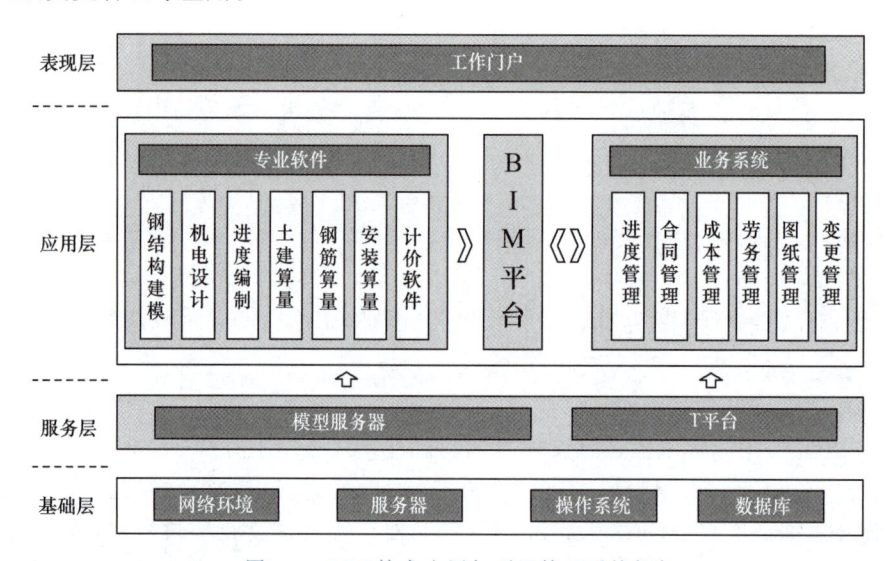

图 3-4 BIM 技术应用与项目管理系统框架

① 基于 BIM 技术的进度管理

传统的项目计划管理一般是计划人员编制工序级计划后,生产部门根据计划执行。而其他各部门(技术、商务、工程、物资、质量、安全等)则根据计划自行展开相关配套工作。各工作相对孤立,步调不一致,前后关系不直观,信息传递效率极低,协调工作量大。

基于 BIM 技术的进度管理软件,为进度管理提供人、材、机消耗量的估算,为物料准备以及劳动力估算提供了充足的依据;同时可以提前查看各任务项所对应的模型,便于项目人员准确、形象地了解施工内容,便于施工交底。另外,利用 BIM 技术应用的配套工作与工序级计划任务的关联,可以实现项目各个部门各项进度相关配套工作的全面推进,提高了进度的执行效率,加大了进度的执行力度,及时发现并提醒滞后环节,及时制定对应的措施,实时调整。

② 基于 BIM 技术的图纸管理

传统的项目图纸管理采用简单的管理模式,由技术人员对项目进行定期的图纸交底,当前大型项目建筑设计日趋复杂,而设计工期紧,业主方因进度要求,客观上采用了边施工边变更的方式。当传统的项目图纸管理模式遇到了海量变更时,立即暴露出其低效率、高出错率的弊病。

BIM应用软件图纸管理实现对多专业海量图纸的清晰管理,实现了相关人员任意时间均可获得所需的全部图纸信息的目标。基于BIM技术的图纸管理具有如下特点:

a.图纸信息与模型信息一一对应。这表现在任意一次图纸修改都对应模型修改,任意一种模型状态都能找到定义该状态的全部图纸信息。

b.软件内的图纸信息更新是最及时的。根据工作流程,施工单位收到设计图纸后,由模型维护组成员先录入图纸信息,并完成对模型的修改调整,再推送至其他部门,包括现场施工部门及分包队伍,用于指导施工,避免出现使用错图或使用旧版图施工的情况。

c.系统中记录的全部图纸的更新替代关系明确。不同于简单的图纸版本替换,全部的图纸发放时间、录入时间都是记录在系统内的,必要时可供调用(如办理签证索赔等)。

d.图纸管理是面向全专业的。往往各专业图纸分布在不同的职能部门(技术部、机电部、钢构部),查阅图纸十分不便。该软件要求各专业都按统一的要求录入图纸,并修改模型。在模型中可直观地显示各专业设计信息。

另外,传统的深化图纸报审依靠深化人员根据总进度计划,编制深化图纸报审计划。报审流程包括:专业分包深化设计→总包单位审核→设计单位审核→业主单位审核。深化图纸过多、审核流程长的特点易造成审批过程中积压、遗漏,最终影响现场施工进度。BIM应用软件中的深化图纸报审追踪功能实现了对深化图纸报审的实时追踪。一份报审的深化图纸录入软件后,系统即开始对其进行追踪,确定其当期所在审批单位。当审批单位逾期未完成审批时,系统即对管理人员推送提醒。另外,深化图纸报审计划与软件的进度计划管理模块联动,根据总体进度计划的调整而调整,当系统统计发现深化图报审及审批速度严重滞后于现场工程进度需求时,会向管理人员报警,提醒管理人员采取措施,避免现场施工进度受此影响。

③基于BIM技术的变更管理

传统情况下,当设计变更发生时,设计变更指令分别下发到各部门,各部门根据各自职责分工独立展开相关工作,对变更内容的理解容易产生偏差,对内容的阅读会产生疏漏,影响现场施工、商务索赔等工作。而且各部门的工作主要通过会议进行协调和沟通,信息传递的效率比较低。

利用BIM技术,将变更录入模型,首先直观地形成变更前后的模型对比,并快速生成工程量变化信息。通过模型,变更内容准确快速地传达至各个领导和部门,实现了变更内容的快速传递,避免了内容理解的偏差。根据模型中的变更提醒,现场生产部、技术部、商务部等各部门迅速展开方案编制、材料申请、商务索赔等一系列的工作,并且通过系统实现实时的信息共享,极大地提高了变更相关工作的实施效率和信息传递的效率。

④基于BIM技术的合同管理

以往合同查询复杂,需要从头逐条查询,防止疏漏,要求每位工作人员都熟读合同。合同查询的困难也导致非商务类工作人员在工作中干脆不使用合同,甚至违反合同条款,导致总承包方的利益受损。

现在基于BIM技术的合同管理,通过将合同条款、招标文件、回标答疑及澄清、工料规范、图纸设计说明等相关内容进行拆分、归集,便于从线到面的全面查询及风险管控(便于施工部门、技术部门、商务部门、安全部门、质量部门、管理部门清晰掌握合同约定范围、约定标准、工作界面及责任划分等）。可将业主对应合同条款、分包合同条款、总承包合同三方合同条款、供货商合同条款，在纵向到底的关联查询、责任追踪（付款及结算、工期要求、验收要求、安全要求、供货要求、设计要求、变更要求、签证要求）。

### 3.4.4　其他常用 BIM 软件介绍

随着 BIM 应用在国内的迅速发展，BIM 相关软件也得到了较快的发展，表 3-10 介绍了国内其他一些 BIM 软件的情况。

表 3-10　　　　　　　　　国内其他常用 BIM 软件举例

| 国内其他 BIM 软件 | 举例 | 功能 |
| --- | --- | --- |
| Revit 插件软件 | 鸿业 BIMSpace | 基于 Revit 平台，涵盖了建筑、给水排水、暖通等常用功能，结合基于 AutoCAD 平台向用户提供完整的施工图解决方案 |
| | 橄榄山软件 | 将现在产业链中的工程语言——施工 DWG 图，直接转换成 Revit BIM 模型的软件 |
| | MagiCAD | 机电专业的 BIM 深化设计软件，运用于工程前期的设计阶段、项目招投标阶段、机电施工过程深化设计阶段、后期过程竣工交付运维管理阶段 |
| | isBIM | 用于建筑、结构、水电暖通、装饰装修等专业中，提高了用户创建模型的效率，同时提高了建模的精度和标准化 |
| 鸿业 CIVIL 行业 BIM 软件 | | 可以直接通过模型生成施工图及工程量；可为暴雨模拟及海绵城市计算分析提供地形，排水低影响设施等提供数据；可与 iTwo-5D 等施工阶段 BIM 软件进行衔接；可支持市场上主流的 3D-Gis 平台 |
| Trimble 系列工具软件 | SketchUp | 将平面的图形立起来，先进行体块的研究，再不断推敲深化一直到建筑的每个细部 |
| | Tekla | 交互式建模、结构分析、设计和自动创建图纸等 |
| | Vico Office | 可以实现使用一个软件，实现对项目全过程进行控制，进而实现提高效率、缩短工期、节约成本的目标 |
| | Field Link | 为总承包商设计的施工放样解决方案 |
| | Real Works | 空间成像传感器导入丰富的数据，并转换为夺目的三维成果 |

(续表)

| 国内其他 BIM 软件 | 举例 | 功能 |
|---|---|---|
| 达索软件 | | 为建筑行业的项目全过程管理提供整体解决方案、倡导建筑市政施工及工程建造行业高端三维应用平台 |
| 盈建科软件 | 盈建科建筑结构计算软件（YJK-A） | 集成化建筑结构辅助设计系统，立足于解决当前设计应用中的难点热点问题，为减少配筋量、节省工程造价做了大量改进 |
| | 盈建科基础设计软件（YJK-F） | |
| | 盈建科砌体结构设计软件（YJK-M） | |
| | 盈建科结构施工图辅助设计软件（YJK-D） | |
| BIM 协同平台软件 | iTwo | 运用设计和建造阶段流通下来的 BIM 模型及信息数据，将 BIM 模型及全生命周期的信息数据完美结合，利用虚拟模型进行智能管控 |
| | 广联达 BIM 5D | 为项目的进度、成本管控、物料管理等提供数据支撑，协助管理人员有效决策和精细管理 |
| | 鲁班 BIM 软件 | 适应建筑业移动办公特性强的特点，实现了施工项目管理协同，实现了模型信息的集成，授权机制实现了企业级的管控、项目级管理协同 |

### 本章小结

本章全面介绍了 BIM 建模环境及应用软件，包括：BIM 应用软件框架体系，BIM 应用软件定义及分类；BIM 应用软件中的基础建模软件及工具软件；工程建设过程的招标阶段、深化设计阶段及施工阶段中各 BIM 工具软件的应用情况。

### 思考与练习题

3-1 常见的 BIM 建模软件有哪些？
3-2 简要说明招投标阶段主要 BIM 软件的分类及应用情况。
3-3 简要说明施工阶段主要 BIM 软件的分类及应用情况。

# 第 4 章 项目全过程中 BIM 实施

**本章要点**

(1) 项目 BIM 实施目标、制定技术路线及保障措施。
(2) 项目实施阶段的 BIM 应用点。
(3) 项目的 BIM 实施情况总结和评估。

**学习目标**

(1) 了解项目 BIM 实施目标、制定技术路线及保障措施。
(2) 掌握项目实施阶段的 BIM 应用点。
(3) 掌握项目的 BIM 实施情况总结和评估。

## 4.1 概 述

项目 BIM 实施与应用指的是基于 BIM 技术对项目进行信息化、集成化及协同化管理的过程。

引入 BIM 技术,将从建设工程项目的组织、管理的方法和手段等多个方面进行系统的变革,实现理想的建设工程信息积累,从根本上消除信息的流失和信息交流的障碍,理想的建设工程信息积累变化示意如图 4-1 所示。

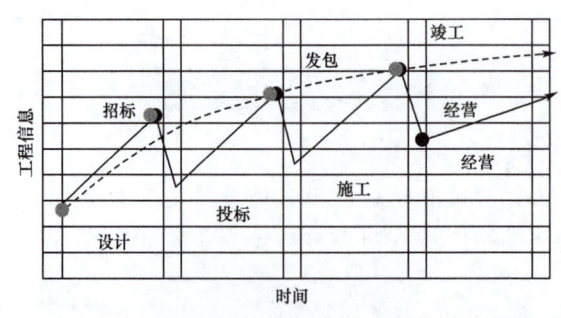

图 4-1 理想的建设工程信息积累变化示意图
(弧线:引入 BIM 的信息保留;折线:传统模式的信息保留)

应用 BIM 技术,能改变传统的项目管理理念,引领建筑信息技术走向更高层次,从而大大提高建筑管理的集成化程度。从建筑的设计、施工、运营,直至建筑全生命周期的终结,各种信息始终整合于一个三维模型信息数据库中,BIM 技术可以轻松地实现集成化管理,如图 4-2 所示。

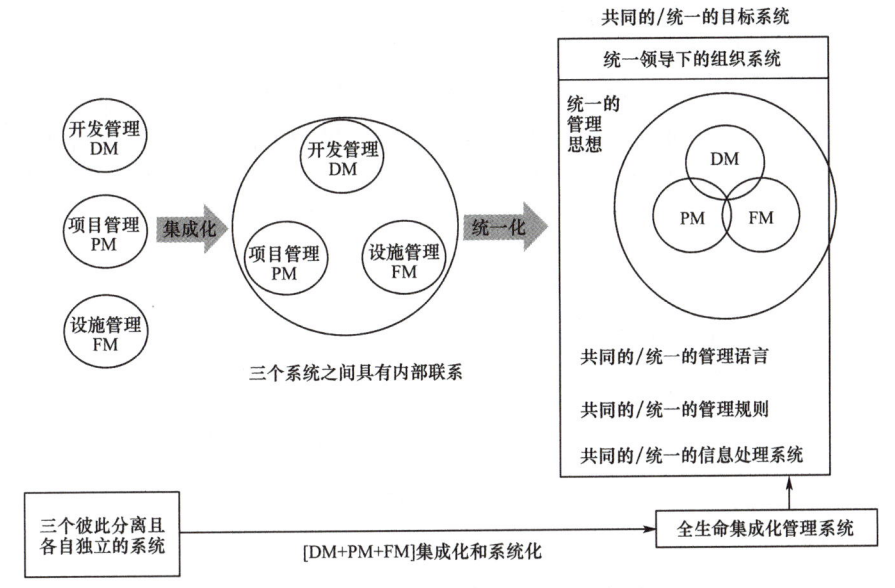

图 4-2 BIM 技术的集成化管理示意图

应用 BIM 技术,可为工程提供巨大的数据支撑,可以使业主、设计院、顾问公司、施工总承包、专业分包、材料供应商等众多单位在同一个平台上实现数据共享及协同工作,使沟通更为便捷、协作更为紧密、管理更为有效,从而革新了传统的项目管理模式。BIM 引入后的工作模式如图 4-3 所示。

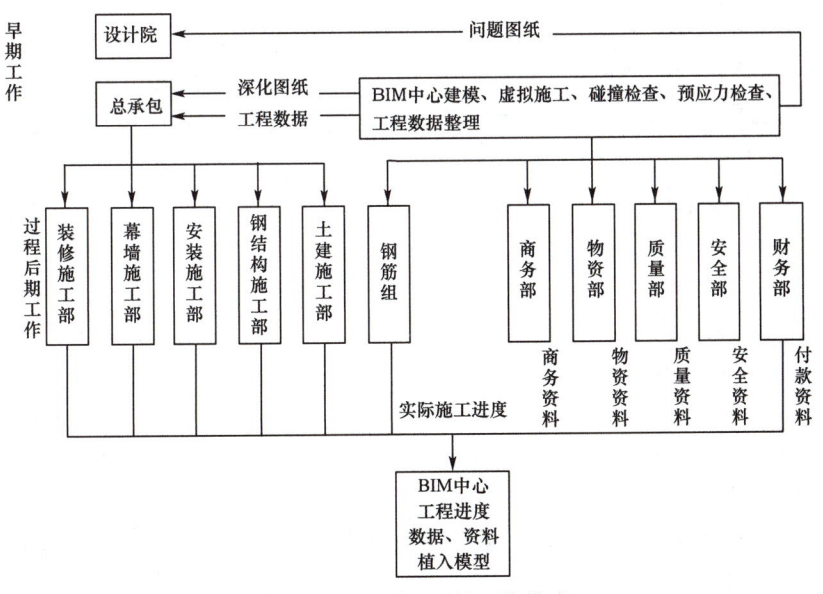

图 4-3 BIM 引入后的工作模式

## 4.2 项目规划阶段

### 4.2.1 项目 BIM 实施目标制定

BIM 实施目标即在建设项目中将要实施的主要价值和相应的 BIM 应用（任务）。这些 BIM 目标必须是具体的、可衡量的，以及能够促进建设项目的规划、设计、施工和运营成功进行的。以某一项目 BIM 实施目标为例，如图 4-4 所示。

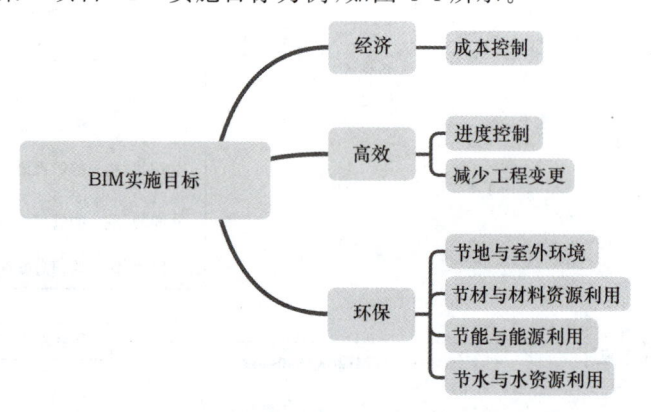

图 4-4　某项目 BIM 实施目标

BIM 目标可分为两大类：

（1）第一类项目目标

项目目标包括缩短工期、更高的现场生产效率、通过工厂制造提升质量、为项目运营获取重要信息等。项目目标又可细分为以下两类：

① 与项目的整体表现有关，包括缩短项目工期，降低工程造价，提升项目质量等，例如关于提升质量的目标包括通过能量模型的快速模拟得到一个能源效率更高的设计，通过系统的 3D 协调得到一个安装质量更高的设计，通过开发一个精确的记录模型改善运营模型建立的质量等。

② 与具体任务的效率有关，包括利用 BIM 模型更高效地绘制施工图，通过自动工程量统计更快做出工程预算，减少在物业运营系统中输入信息的时间等。

（2）第二类公司目标

公司目标包括业主通过样板项目描述设计、施工、运营之间的信息交换，设计机构获取高效使用数字化设计工具的经验等。

企业在应用 BIM 技术进行项目管理时，需明确自身在管理过程中的需求，并结合 BIM 本身特点来确定项目管理的服务目标。在定义 BIM 目标的过程中可以用优先级表示某个 BIM 目标对该建设项目设计、施工、运营成功的重要性，对每个 BIM 目标提出相应的 BIM 应用。BIM 目标可对应于某一个或多个 BIM 应用，以某一建设项目定义 BIM 目标为例，见表 4-1。

表 4-1　　　　　　　　　　建设项目定义 BIM 目标

| 优先级(1～3，1级最为重要) | BIM 目标描述 | 可能的 BIM 应用 |
|---|---|---|
| 2 | 提升现场生产效率 | Design Review，即设计审查，3D Coordination，即 3D 协调 |
| 3 | 提升设计效率 | Design Authoring，即设计建模，设计审查，3D 协调 |
| 1 | 为物业运营准备精确的 3D 记录模型 | Record Model，即记录模型，3D 协调 |
| 1 | 提升可持续目标的效率 | Engineering Analysis，即工程分析；LEED Evaluation，即 LEED 评估 |
| 2 | 施工进度跟踪 | 4D 模型 |
| 3 | 定义阶段规划相关的问题 | 4D 模型 |
| 1 | 审查设计进度 | 设计审查 |
| 1 | 快速评估设计变更引起的成本变化 | Cost Estimation，即成本预算 |
| 2 | 消除现场冲突 | 3D 协调 |

为完成 BIM 应用目标，各企业应紧随建筑行业技术发展步伐，结合自身在建筑施工领域全产业链的资源优势，确立 BIM 技术应用的战略思想。如某施工企业根据其"提升建筑整体建造水平、实现建筑全生命周期精细化动态管理、实现建筑生命周期各阶段参与方效益最大化"的 BIM 应用目标，确立了"以 BIM 技术解决技术问题为先导、通过 BIM 技术实现流程再造为核心，全面提升精细化管理，促进企业发展"的 BIM 技术应用战略思想。

公司若没有服务目标盲从发展 BIM 技术，则可能会出现在弱势技术领域过度投入，而产生资源浪费等问题，只有结合自身实际建立有切实意义的服务目标，才能有效提升技术实力。

### 4.2.2　项目 BIM 技术路线制定

项目 BIM 技术路线是指对要达到项目目标准备采取的技术手段、具体步骤及解决关键性问题的方法等在内的研究途径。合理的技术路线可保证顺利地实现既定目标。技术路线的合理性并不是技术路线的复杂性。明确了 BIM 应用需要实现的业务目标以及 BIM 应用的具体内容以后，即可选择相应的 BIM 技术路线。而选择哪种 BIM 软件和确定使用流程则是 BIM 技术路线选择这个工作的核心内容。

在确定技术路线的过程中根据 BIM 应用的主要业务目标和项目、团队、企业的实际情况来选择"合适"的软件，从而完成相应的 BIM 应用内容，这里的"合适"是综合分析项目特点、主要业务目标、团队能力、已有软硬件情况、专业和参与方配合等各种因素以后得出的结论。从目前的实际情况来看，总体"合适"的软件未必对每一位项目成员都"合适"，这就是 BIM 软件的现状。因此，不同的专业使用不同的软件，同一个专业由于业务目标不同也可能会使用不同的软件，这都是 BIM 应用中软件选择的常态。目前全球同行和相关组织正在努力改善整体 BIM 应用能力的主要方向，也是提高不同软件之间的信息互用水平。

以施工企业土建安装和商务成本控制两类典型部门的 BIM 应用情况为例，主要的技术路线有以下四种：

**1. 技术路线 1**

技术路线 1 即商务部门根据 CAD 施工图利用广联达、鲁班及斯维尔等算量软件建模，从而进行工程量计算及成本估算。而技术部门根据 CAD 施工图利用 Revit、Tekla 等软件建模，从而进一步进行深化设计、施工过程模拟、施工进度管理及施工质量管理等（图 4-5）。

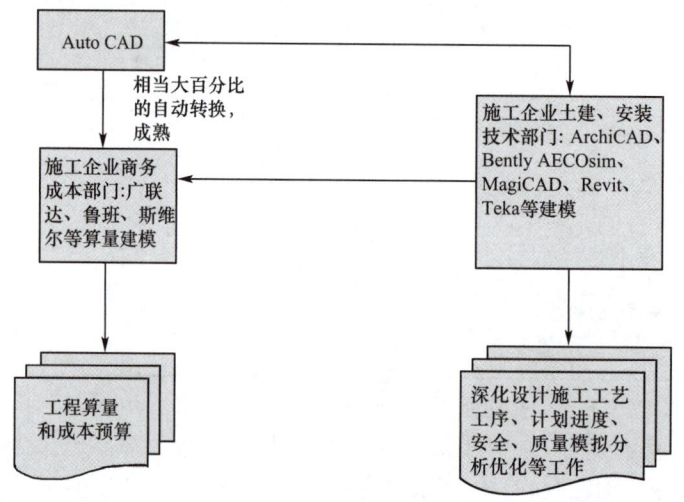

图 4-5　技术路线 1

技术路线 1 的不足之处是：目前同一个项目技术部门和商务部门需要根据各自的业务需求创建两次模型，技术模型与算量模型之间的信息互用还没有成熟到普及应用的程度。但这是目前看来业务上和技术上都比较可行的路线。

**2. 技术路线 2**

技术路线 2 即商务部门根据 CAD 施工图利用广联达、鲁班及斯维尔等算量软件建模，从而进行工程量计算及成本估算。而技术部门根据其所建立的模型再利用 Revit、Tekla 等建模，从而进一步进行深化设计、施工过程模拟、施工进度管理及施工质量管理等（图 4-6）。

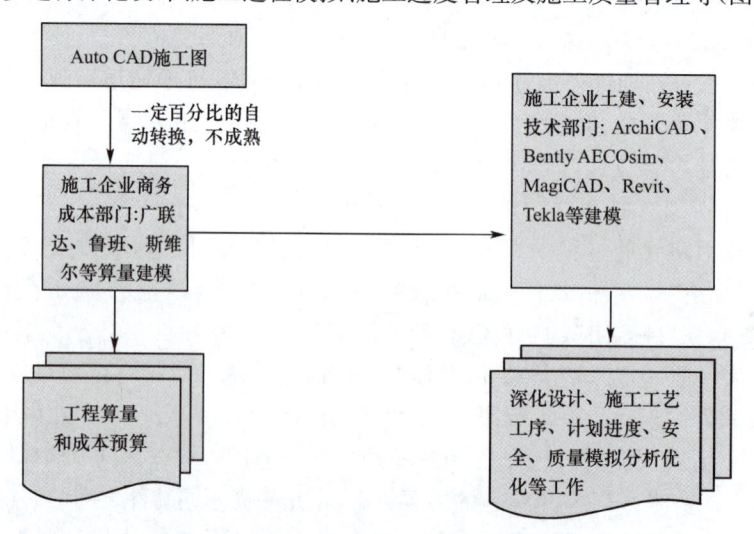

图 4-6　技术路线 2

### 3. 技术路线 3

技术路线 3 即技术部门根据 CAD 施工图利用 Revit、Tekla 等建模,从而进一步进行深化设计、施工过程模拟、施工进度管理及施工质量管理等,商务部门根据技术部门所建的模型进行工程量计算及成本估算(图 4-7)。

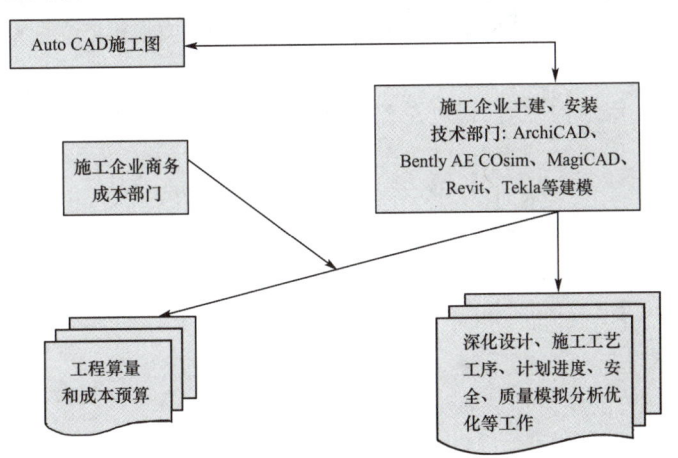

图 4-7 技术路线 3

技术路线 3 中"从土建、机电、钢结构等技术模型完成算量和预算"的做法已经有 VICO、Innovaya 等成功先例。

### 4. 技术路线 4

技术路线 4 即商务部门根据 CAD 施工图利用广联达、鲁班及斯维尔等算量软件建模,从而进行工程量计算及成本估算。而技术部门根据商务部门建立的模型进行深化设计、施工过程模拟、施工进度管理及施工质量管理等(图 4-8)。

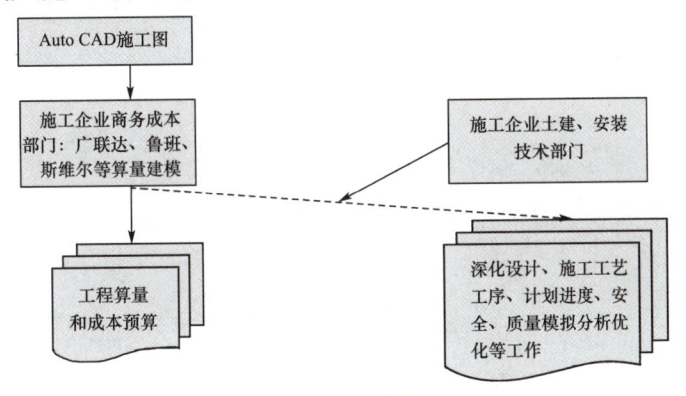

图 4-8 技术路线 4

技术路线 4 中"从算量模型完成土建、机电、钢结构技术任务"的做法目前还没有类似的尝试,这样的做法无论从技术上还是业务流程上其合理性和可行性都还值得商榷。

#### 4.2.3 项目 BIM 实施保障措施

**1. 建立系统运行保障体系**

建立系统运行保障体系主要包括组建系统人员配置保障体系、编制 BIM 系统运行工作计划、建立系统运行例会制度和建立系统运行检查机制等方面，从而保障项目在 BIM 实施阶段能够高效准确运行，以实现项目目标。

(1) 组建系统人员配置保障体系

①按 BIM 组织架构表成立总包 BIM 系统执行小组，由 BIM 系统总监全权负责。经业主审核批准，小组人员立刻进场，以最快速度投入系统的创建工作。

②成立 BIM 系统领导小组，小组成员由总包项目总经理、项目总工、设计及 BIM 系统总监、土建总监、钢结构总监、机电总监、装饰总监、幕墙总监组成，定期沟通以及时解决相关问题。

③总包各职能部门设专人对口 BIM 系统执行小组，根据团队需要及时提供现场进展信息。

④成立 BIM 系统总分包联合团队，各分包派固定的专业人员参加，如果因故需要更换，必须有很好的交接，保持其工作的连续。

(2) 编制 BIM 系统运行工作计划

编制 BIM 系统运行工作计划主要体现在以下两个方面：

①各分包单位、供应单位根据总工期以及深化设计出图要求，编制 BIM 系统建模以及分阶段 BIM 模型数据提交计划、四维进度模型提交计划等，由总包 BIM 系统执行小组审核，审核通过后由总包 BIM 系统执行小组正式发文，各分包单位参照执行。

②根据各分包单位的计划，编制各专业碰撞检测计划、修改后重新提交计划。

(3) 建立系统运行例会制度

建立系统运行例会制度主要体现在以下三个方面：

①BIM 系统联合团队成员，每周召开一次专题会，汇报工作进展情况、遇到的困难以及需要总包协调的问题。

②总包 BIM 系统执行小组，每周内部召开一次工作碰头会，针对本周本条线工作进展情况和遇到的问题，确定下周工作目标。

③BIM 系统联合团队成员，必须参加每周的工程例会和设计协调会，及时了解设计和工程进展情况。

(4) 建立系统运行检查机制

建立系统运行检查机制主要体现在以下三个方面：

①BIM 系统是一个庞大的操作运行系统，需要各方协同参与。由于参与的人员多且复杂，需要建立健全的检查制度来保证体系的正常运作。

②对各分包单位，每两周进行一次系统执行情况检查，了解 BIM 系统执行的真实情况、过程控制情况和变更修改情况。

③对各分包单位使用的 BIM 模型和软件进行有效性检查，确保模型和工作同步进行。

**2. 建立模型维护与应用保障体系**

建立模型维护与应用保障体系主要包括建立模型应用机制、确定模型应用计划和实施全过程规划等方面，从而保障从模型创建到模型应用的全过程信息无损化传递和应用。

(1) 建立模型维护与应用机制

建立模型维护与应用机制主要体现在以下八个方面：

①督促各分包在施工过程中维护和应用BIM模型,按要求及时更新和深化BIM模型,并提交相应的BIM应用成果。如在机电管线综合设计的过程中,对综合后的管线进行碰撞校验,并生成检验报告。设计人员根据报告所显示的碰撞点与碰撞量调整管线布局,经过若干个检测与调整的循环后,可以获得一个较为精确的管线综合平衡设计。

②在得到管线布局最佳状态的三维模型后,按要求分别导出管线综合图、综合剖面图、支架布置图以及各专业平面图,并生成机电设备及材料量化表。

③在管线综合过程中建立精确的BIM模型,还可以采用相关软件制作管道预制加工图,从而大大提高本项目的管道加工预制化、安装工程的集成化程度,进一步提高施工质量,加快施工进度。

④运用相关进度模拟软件建立四维进度模型,在相应部位施工前1个月内进行施工模拟,及时优化工期计划,指导施工实施。同时,按业主所要求的时间节点提交与施工进度相一致的BIM模型。

⑤在相应部位施工前的1个月内,根据施工进度及时更新和集成BIM模型,进行碰撞检测,提供包括具体碰撞位置的检测报告。设计人员根据报告很快找到碰撞点所在位置并进行逐一调整,为了避免在调整过程中有新的碰撞点产生,检测和调整会进行多次循环,直至碰撞报告显示零碰撞点。

⑥对于施工变更引起的模型修改,在收到各方确认的变更单后的14天内完成。

⑦在出具完工证明以前,向业主提交真实准确的竣工BIM模型、BIM应用资料和设备信息等,确保业主和物业管理公司在运营阶段具备充足的信息。

⑧集成和验证最终的BIM竣工模型,按要求提供给业主。

(2)确定BIM模型的应用计划

确定BIM模型的应用计划主要体现在以下七个方面:

①根据施工进度和深化设计及时更新和集成BIM模型,进行碰撞检测,提供具体碰撞的检测报告,并提供相应的解决方案,及时协调解决碰撞问题。

②基于BIM模型,探讨短期及中期的施工方案。

③基于BIM模型,准备机电综合管道图(CSD)及综合结构留洞图(CBWD)等施工深化图纸,及时发现管线与管线、管线与建筑、管线与结构之间的碰撞点。

④基于BIM模型,及时提供能快速浏览的如DWF等格式的模型和图片,以便各方查看和审阅。

⑤在相应部位施工前的1个月内,按照施工进度表进行4D施工模拟,提供图片和动画视频等文件,协调施工各方优化时间安排。

⑥应用网上文件管理协同平台,确保项目信息及时有效地传递。

⑦将视频监视系统与网上文件管理平台整合,实现施工现场的实时监控和管理。

(3)实施全过程规划

为了在项目期间最有效地利用协同项目管理与BIM计划,先投入时间对项目各阶段中团队各利益相关方之间的协作方式进行规划。

①对项目实施流程进行确定,确保每项目任务能按照相应计划顺利完成。

②确保各人员团队在项目实施过程中能够明确各自相应的任务及要求。

③对整个项目实施时间进度进行规划,在此基础上确定每个阶段的时间进度,以保障项目如期完成。

### 4.2.4 BIM实施规划案例分析

BIM实施方案主要由三部分组成:BIM应用业务目标、BIM应用具体内容、BIM应用技术路线(图4-9)。

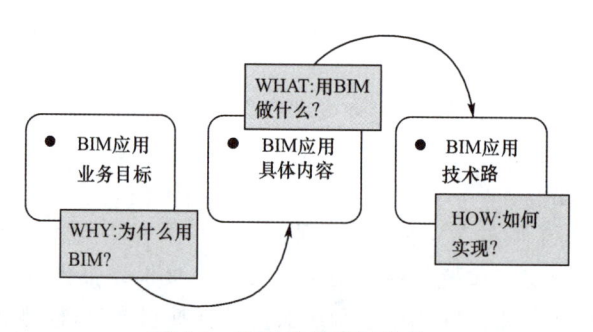

图4-9 BIM实施规划流程

下面以某市政务服务中心项目为例对BIM实施规划做出具体分析。

(1)工程概况

该工程总建筑面积为206 247 m²,地下3层,地上23层,最大檐高为100 m,结构形式为框架-剪力墙结构。

(2)BIM辅助项目实施目标

BIM应用目标的制定是BIM工程应用中极为重要的一环,关系到BIM应用的全局和整体应用效果。考虑到该工程项目施工重点、难点及公司管理特点,结合以往BIM工程应用实践制定了BIM应用总体目标,即实现以BIM技术为基础的信息化手段对本项目的支撑,进而提高施工信息化水平和整体质量。BIM项目实施目标如图4-10所示。

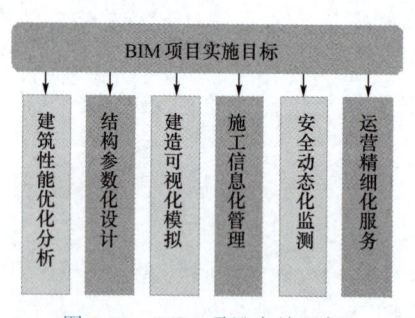

图4-10 BIM项目实施目标

(3)BIM应用内容

结合BIM应用总体目标、项目实际工期要求、项目施工难点及特点,制定本工程BIM项目应用内容,见表4-2。

表 4-2　　　　　　　　　　　BIM 项目应用内容

| 项目名称 | 项目分层 | 项目内容 |
|---|---|---|
| BIM 模型建立 | (1)土建专业模型 | 按模型建立标准创建包含结构梁、板、柱截面信息、厂家信息、混凝土等级的 BIM 模型 |
| | (2)钢结构专业模型 | 按模型建立标准创建钢结构 BIM 模型 |
| | (3)机电专业模型 | 按模型建立标准创建机电专业 BIM 模型 |
| 深化设计 | (1)管线综合深化设计 | 对全专业管线进行碰撞检测并提供优化检测 |
| | (2)复杂节点深化设计 | 对复杂钢筋混凝土节点的配筋、钢结构节点的焊缝、螺栓等进行深化设计 |
| | (3)幕墙深化设计 | 明确幕墙与结构连接节点的做法,幕墙分块大小、缝隙处理,外观效果,安装方式 |
| 施工方案规划 | (1)周边环境规划方案 | 对施工周边环境进行规划,合理安排办公区、休息区、加工区等的位置,减少噪声等环境污染 |
| | (2)场地布置方案 | 解决现场场地规划问题,明确各项材料、机具等的位置堆放 |
| | (3)专项施工方案 | 直观地对专项施工方案进行分析对比与优化,合理编排施工工序及安排劳动力组织 |
| 4D 施工动态模拟 | (1)土建动态模拟 | 给三维模型添加时间节点,对工程主体结构施工过程进行 4D 施工模拟 |
| | (2)钢结构施工动态模拟管理 | 对钢结构部分安装过程进行模拟 |
| | (3)关键工艺展示 | 制作部分复杂墙板、配筋关键节点的施工工艺展示动画,用于指导施工 |
| 施工管理平台开发 | (1)平台开发准备 | 整合创建的全部 BIM 模型、深化设计、施工方案规划、施工进度安排等平台开发所需资料,建立施工项目数据库 |
| | (2)平台架构制定 | 根据项目自身特点及总承包管理经验,制定符合本项目的施工管理平台架构 |
| | (3)平台开发关键技术 | 利用计算机编程技术,开发相应的数据接口,结合以上数据库及平台架构,完成平台开发 |
| 总承包施工项目管理 | (1)施工人员管理 | 将施工过程中的人员管理信息集成到 BIM 模型中,通过模型的信息化集成来分配任务 |
| | (2)施工机具管理 | 包括机具管理和场地管理,具体内容包括群塔防碰撞模拟、脚手架设计等 |
| | (3)施工材料管理 | 包括物料跟踪、算量统计等,利用 BIM 模型自带的工程量统计功能实现算量统计 |

(续表)

| 项目名称 | 项目分层 | 项目内容 |
|---|---|---|
| 总承包施工项目管理 | (4)施工工法管理 | 将施工自然环境和社会环境通过集成的方式保存在模型中,对模型的规则进行制定以实现对环境的管理 |
| | (5)施工环境管理 | 包括施工进度模拟、工法演示、方案比选,利用数值模拟技术和施工模拟技术实现施工工法的标准化应用 |
| 施工风险预控 | (1)施工成本预控 | 自动化工程量统计及变更修复,并指导采购,快速实行多维度(时间、空间、WBS)成本分析 |
| | (2)施工进度预控 | 利用管理平台提高工作效率,施工进度模拟控制、校正施工进度安排 |
| | (3)施工质量预控 | 复杂钢筋混凝土节点施工指导,移动终端现场管理 |
| | (4)施工安全预控 | 施工动态检测、危险源识别 |

(4)BIM 技术路线

在 BIM 应用内容计划的基础上,需要明确各计划实施的起始点及结束点,各应用计划间的相互关系,以确定工作程序、人员的安排。

结合以往工程施工流程与 BIM 工作计划制定符合 BIM 应用目标的 BIM 应用流程,如图 4-11 所示。

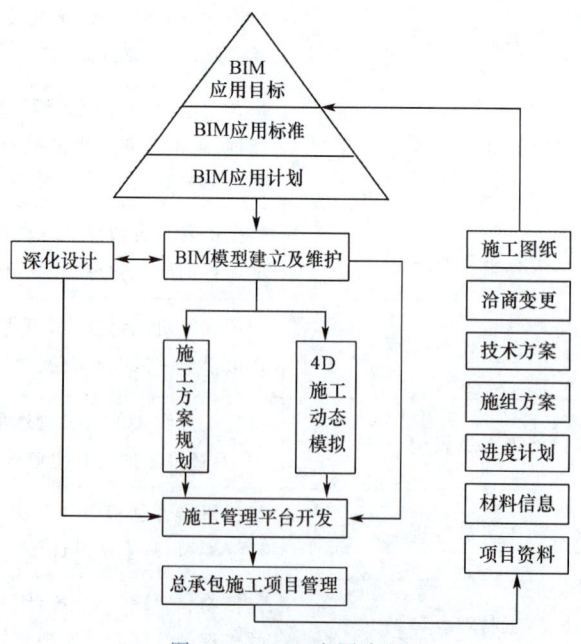

图 4-11 BIM 应用流程

同时,在 BIM 应用流程的基础上进一步确定实现每一流程步骤所需要的技术手段和方法,如软件的选择,见表 4-3。

表 4-3　　　　　　　　　　BIM 应用软件选择示例

| BIM 应用流程 | BIM 应用内容 | 软件选择示例 |
| --- | --- | --- |
| 1 | BIM 模型建立 | Revit |
| 2 | 深化设计 | Revit、Navisworks |
| 3 | 4D 施工动态模拟 | Navisworks |
| 4 | 施工方案规划 | Lumion |

## 4.3　项目实施阶段

### 4.3.1　BIM 实施模式

根据对部分大型项目的具体应用和中国建筑业协会工程建设质量管理分会等机构进行的调研,目前国内 BIM 组织实施模式大略可归纳为 4 类:设计主导管理模式、咨询辅助管理模式、业主自主管理模式、施工主导管理模式。

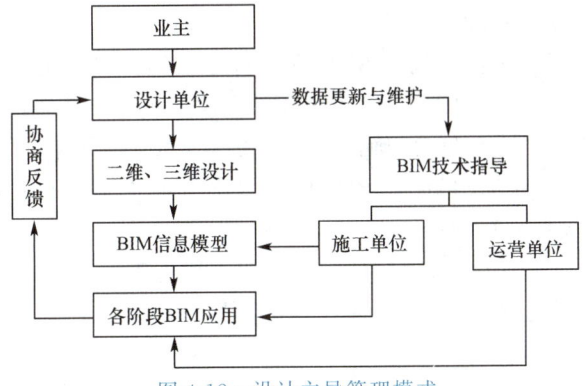

**1. 设计主导管理模式**

设计主导管理模式是由业主委托一家设计单位,将拟建项目所需的 BIM 应用要求等以 BIM 合同的方式进行约定,由设计单位建立 BIM 设计模型,并在项目实施过程中提供 BIM 技术指导、模型信息的更新与维护、BIM 模型的应用管理等,施工单位在设计模型上建立施工模型,如图 4-12 所示。

图 4-12　设计主导管理模式

设计方驱动模式应用最早,也较为广泛,各设计单位为了更好地表达自己的设计方案,通常采用 3D 技术进行建筑设计与展示,特别是大型复杂的建设项目,以期赢取设计招标。但在施工及运维阶段,设计方的驱动力下降,对施工过程中及施工结束后业主关注的运维等应用考虑较少,导致业主后期施工管理和运营成本较高。

**2. 咨询辅助管理模式**

业主分别同设计单位签订设计合同,同 BIM 咨询公司签订 BIM 咨询服务合同,先由设计单位进行设计,BIM 咨询公司根据设计资料进行三维建模,并进行设计、碰撞检查,随后将检查结果及时反馈以减少工程变更,此即最初的 BIM 咨询模式,如图 4-13 所示。有些设计企业也在推进应用 BIM 技术辅助设计,由 BIM 咨询单位作为 BIM 总控单位进行协调设计和施工模拟,BIM 咨询公司还需对业主方后期项目运营管理提供必要的培训和指导,以确保运营阶段的效益最大化。此模式侧重基于模型的应用,如模拟施工、能效仿真等,且有利于业主方择优选择设计单位并进行优化设计,利于降低工程造价。缺点是业主方前期合同管理工作量大,参建各方关系复杂,组织协调难度较大。

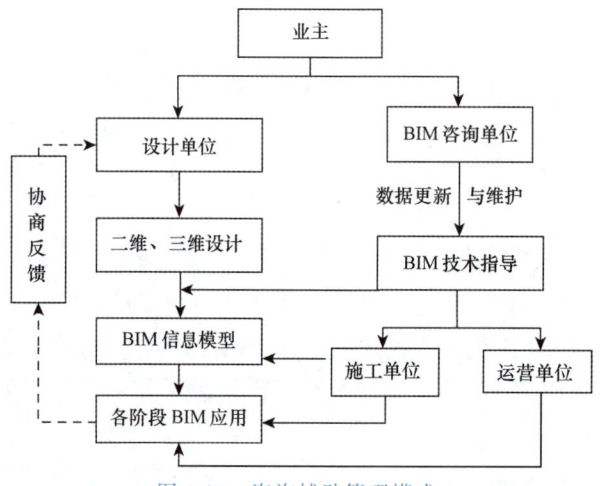

图 4-13 咨询辅助管理模式

**3. 业主自主管理模式**

在业主自主管理模式下,初期建设单位主要将 BIM 技术集中用于建设项目的勘察、设计以及项目沟通、展示与推广。随着对 BIM 技术认识的深入,BIM 的应用已开始扩展至项目招投标、施工、物业管理等阶段。

(1)在设计阶段,建设单位采用 BIM 技术进行建设项目设计的展示和分析,一方面,将 BIM 模型作为与设计方沟通的平台,控制设计进度。另一方面,进行设计错误的检测,在施工开始之前解决所有设计问题,确保设计的可实施性,减少返工。

(2)在招标阶段,建设单位借助于 BIM 的可视化功能进行投标方案的评审,提高投标方案的可视性,确保投标方案的可行性。

(3)在施工阶段,采用 BIM 技术中的模拟功能进行施工方案模拟并进行优化,一方面提供了一个与承建商沟通的平台,控制施工进度;另一方面,确保施工的顺利进行,保证投资控制和工程质量。

(4)在物业管理阶段,前期建立的 BIM 模型集成了项目所有的信息,如材料型号、供应商等,可用于辅助建设项目维护与应用。

业主自主管理模式如图 4-14 所示,是由业主主导组建专门的 BIM 团队,负责 BIM 实施,并直接参与 BIM 具体应用。该模式对业主方 BIM 技术人员及软硬件设备要求都比较高,特别是对 BIM 团队人员的沟通协调能力、软件操作能力有较高的要求,且前期团队组建困难较多、成本较高、应用实施难度大,对业主方的经济、技术实力有较高的要求和考验。

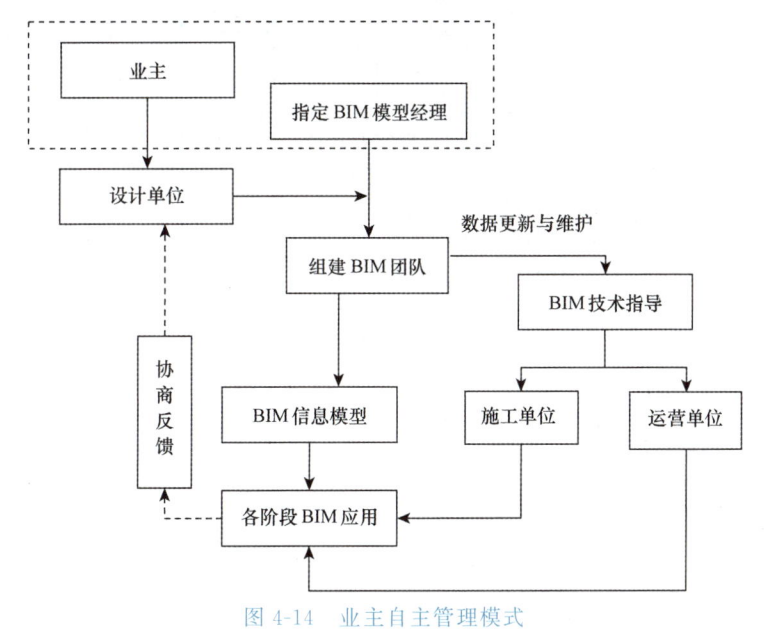

图 4-14 业主自主管理模式

**4. 施工主导管理模式**

施工主导管理模式是近年来随着 BIM 技术不断成熟应用而产生的一种模式,其应用方通常为大型承建商。承建商采用 BIM 技术的主要目的是辅助投标和辅助施工管理。

在竞争的压力下,承建商为了赢得建设项目投标,采用 BIM 技术和模拟技术来展示自己施工方案的可行性及优势,从而提高自身的竞争力。另外,在大型复杂建筑工程施工过程中,施工工序通常也比较复杂,为了保证施工的顺利进行、减少返工,承建商采用 BIM 技术进行施工方案的模拟与分析,在真实施工之前找出合理的施工方案,同时便于与分包商协作与沟通。

此种应用模式主要面向建设项目的招投标阶段和施工阶段。当工程项目投标或施工结束时,施工方的 BIM 应用驱动力则降低,对于适用于整个生命周期管理的 BIM 技术来说,其 BIM 信息没有被很好地传递,施工过程中产生的信息将会丢失,失去了 BIM 技术应用本身的意义。

综上所述,从项目 BIM 应用实施的初始成本、协调难度、应用扩展性、对运营的支持程度以及对业主要求等 5 个角度来分别考察四种模式的特点,可以得出表 4-4、表 4-5 所列的四种应用模式的特征对比。根据四种模式的特征可得出各种模式的适用情形和适用范围,见表 4-6。

表 4-4　　　　　　　　四种 BIM 应用管理模式特征对比

| BIM 应用管理模式 | 初始成本 | 协调难度 | 应用扩展性 | 运营支持程度 | 对业主要求 |
| --- | --- | --- | --- | --- | --- |
| 设计主导 | 较低 | 一般 | 一般 | 低 | 较低 |
| 咨询辅助 | 中 | 小 | 丰富 | 高 | 低 |

（续表）

| BIM应用管理模式 | 初始成本 | 协调难度 | 应用扩展性 | 运营支持程度 | 对业主要求 |
|---|---|---|---|---|---|
| 业主自主 | 较高 | 大 | 最丰富 | 高 | 高 |
| 施工主导 | 较低 | 一般 | 一般 | 低 | 较低 |

表4-5　　　　　　　四种BIM应用管理模式功能和效用对比

| BIM应用管理模式 | 功能和效用 | | |
|---|---|---|---|
| | 适用工程阶段 | 效用 | 目前应用程度 |
| 设计主导 | 设计阶段 | 最小 | 最广泛 |
| 咨询辅助 | 全过程 | 最大 | 稳步发展 |
| 业主自主 | 全过程 | 最大 | 较少 |
| 施工主导 | 投标和施工 | 较小 | 较少 |

表4-6　　　　　　　四种BIM应用管理模式的适用情况

| BIM应用管理模式 | 特点 | 适用情况 |
|---|---|---|
| 设计主导 | (1)合同关系简单,合同管理容易<br>(2)业主方实施难度一般<br>(3)对设计方的BIM技术实力有考验<br>(4)设计招标难度大,具有风险性 | (1)信息模型建立简单的项目<br>(2)适用于中小型规模、BIM技术应用相对较为成熟的项目<br>(3)大部分情况下,项目竣工后交由第三方运营管理 |
| 咨询辅助 | (1)BIM咨询单位一般具有较高的专业技术水准,有利于BIM技术应用<br>(2)有利于项目全过程效益的发挥<br>(3)业主协调工作量大大减少 | (1)适用的项目范围、规模大小较为广泛<br>(2)项目竣工后交由第三方运营管理,也可由业主自营 |
| 业主自主 | (1)业主方自建BIM团队,专业技术要求较高<br>(2)项目建设期结束后,参建人员转而进入后期运营管理<br>(3)要求业主方有BIM实施愿景 | (1)适用于规模较大,专业较多,技术复杂的大型工程项目<br>(2)大部分情况下,业主方自建自营 |
| 施工主导 | (1)前期无法介入<br>(2)一般局限在施工过程,且模型精度不高<br>(3)一般为特大型企业才主动推动BIM应用 | (3)适用于工程总承包项目等 |

在工程项目参与各方中,业主处于主导地位。在BIM实施应用的过程中,业主是最大的受益者,因此业主实施BIM的能力和水平将直接影响BIM实施的效果。业主应当根据项目目标和自身特点选择合适的BIM实施模式,以保证实施效果,真正发挥BIM信息集成的作用,切实提高工程建设行业的管理水平。

### 4.3.2 BIM 组织架构

BIM 组织架构的建立即 BIM 团队的构建,是实现项目目标的重要影响因素,是项目准确高效运转的基础。故企业在项目实施阶段前期应根据 BIM 技术的特点结合项目本身特征依次从领导层、管理层再到作业层分梯组建项目级 BIM 团队,从而更好地实现 BIM 项目从上而下的传达和执行。具体团队组织架构如图 4-15 所示。

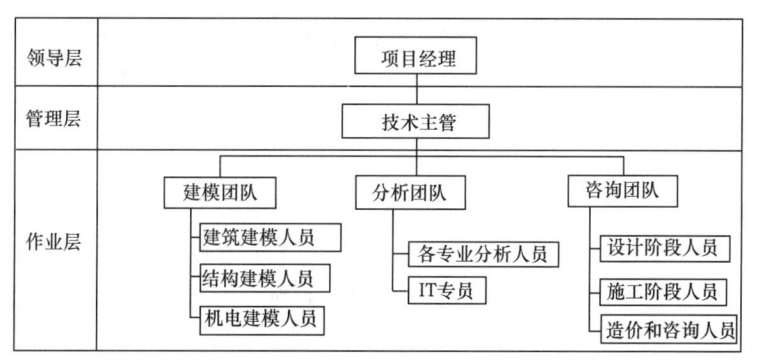

图 4-15 团队组织架构

领导层主要设置项目经理,其主要负责该项目的对外沟通协调,包括与甲方沟通、与项目其他参与方协调等。同时负责该项目的对内整体把控,包括实施目标、技术路线、资源配置、人员组织调整、项目进度和项目完成质量等方面的控制。故对该岗位人员的工程经验及领导能力等素质要求较高。

管理层主要设置技术主管,其主要负责将 BIM 项目经理的项目任务安排落实到 BIM 操作人员,同时对 BIM 项目在各阶段实施过程中进行技术指导及监督。故对该岗位人员的 BIM 技术能力和工程能力要求较高。

作业层主要设置建模团队、分析团队和咨询团队。其中建模团队由各专业建模人员组成,包括建筑建模人员、结构建模人员和机电建模人员等,主要负责在项目前期根据项目要求创建 BIM 模型;分析团队主要由各专业分析人员和 IT 专员组成,各专业分析人员主要负责根据项目需求对建模团队所建模型进行相应的分析处理,IT 专员主要负责数据维护和管理;咨询团队主要由工程各阶段参与人员组成,包括设计阶段人员、施工阶段人员、造价和咨询人员等,其主要职责是为建模团队和分析团队提供工程咨询,以准确满足项目需求。

因不同企业和项目具有各自不同的性质,在项目实施过程中具有不同的过程或特点,故在 BIM 团队组建时企业可根据自身特点和项目实际需求设置符合具体情况的 BIM 组织架构。

下面介绍某施工企业项目的 BIM 团队组建,可作为施工项目的 BIM 团队组建的参考。

该项目选择的 BIM 工作模式为在项目部组建自己的 BIM 团队,在团队成立前期进行项目管理人员、技术人员 BIM 基础知识培训工作。团队由项目经理牵头,团队成员由项目部各专业技术部门、生产、质量、预算、安全和专业分包单位人员组成,共同落实 BIM

应用与管理的相关工作。其中 BIM 实施团队见表 4-7。

表 4-7　　　　　　　　　　　　BIM 实施团队

| 团队角色 | BIM 工作及责任 | BIM 能力要求 |
| --- | --- | --- |
| 项目经理 | 监督、检查项目执行进展 | 基本运用 |
| BIM 小组组长 | 制订 BIM 实施方案并监督、组织、跟踪 | 基本运用 |
| 项目副经理 | 制订 BIM 培训方案并负责内部培训考核、评审 | 基本运用 |
| 测量负责人 | 采集及复核测量数据,为每周 BIM 竣工模型提供准确数据基础;利用 BIM 模型导出测量数据指导现场测量作业 | 熟练运用 |
| 技术管理部 | 利用 BIM 模型优化施工方案,编制三维技术交底资料 | 熟练运用 |
| 深化设计部 | 运用 BIM 技术展开各专业深化设计,进行碰撞检测并充分沟通、解决、记录;图纸及变更管理 | 精通 |
| BIM 工作室 | 预算及施工 BIM 模型建立、维护、共享、管理;各专业协调、配合;提交阶段竣工模型,与各方沟通;建立、维护、每周更新和传送问题解决记录 | 精通 |
| 施工管理部 | 利用 BIM 模型优化资源配置组织 | 熟练运用 |
| 机电安装部 | 优化机电专业工序穿插及配合 | 熟练运用 |
| 商务合约管理部 | 确定预算 BIM 模型建立的标准。利用 BIM 模型对内、对外的商务管控及内部成本控制 | 熟练运用 |
| 物资设备管理部 | 利用 BIM 模型生成清单,审批、上报准确的材料计划 | 熟练运用 |
| 安全环境管理部 | 通过 BIM 可视化展开安全教育、危险源识别及预防预控,指定针对性应急措施 | 基本运用 |
| 质量管理部 | 通过 BIM 进行质量技术交底,优化检验审批划分,验收与交接计划 | 熟练运用 |

### 4.3.3　技术资源配置

**1. 软件配置**

（1）软件选择

项目 BIM 在各阶段实施过程中应用点众多,应用形式丰富。故在项目实施前应根据各应用内容及结合企业自身情况,合理选择 BIM 软件。

根据应用内容的不同,BIM 软件主要可分为模型创建软件、模型应用软件和协同平台软件,如图 4-16 所示。BIM 软件详细介绍见本书第 3 章相关内容。

模型创建软件主要包括 BIM 概念设计软件和 BIM 核心建模软件等;模型应用软件主要包括 BIM 分析软件、BIM 检查软件、BIM 深化设计软件、BIM 算量软件、BIM 发布审核软件、BIM 施工管理软件、BIM 运维管理软件等;协同平台软件主要包括各参与方协同平台软件、各阶段协同平台软件等。

```
                    ┌─────────┐
                    │ BIM软件 │
                    └────┬────┘
          ┌──────────────┼──────────────┐
     ┌────┴─────┐   ┌────┴─────┐   ┌────┴─────┐
     │模型创建软件│   │模型应用软件│   │协同平台软件│
     └────┬─────┘   └────┬─────┘   └────┬─────┘
          │              │              │
    ┌─────┴─────┐   ┌────┴─────┐   ┌────┴──────────┐
    │BIM概念设计软件│  │BIM分析软件│  │各参与方协同平台软件│
    └───────────┘   └──────────┘   └───────────────┘
          │              │              │
    ┌─────┴─────┐   ┌────┴─────┐   ┌────┴──────────┐
    │BIM核心建模软件│  │BIM检查软件│  │各阶段协同平台软件│
    └───────────┘   └──────────┘   └───────────────┘
                         │
                   ┌─────┴──────┐
                   │BIM深化设计软件│
                   └────────────┘
                         │
                   ┌─────┴──────┐
                   │ BIM算量软件 │
                   └────────────┘
                         │
                   ┌─────┴──────┐
                   │BIM发布审核软件│
                   └────────────┘
                         │
                   ┌─────┴──────┐
                   │BIM施工管理软件│
                   └────────────┘
                         │
                   ┌─────┴──────┐
                   │BIM运维管理软件│
                   └────────────┘
```

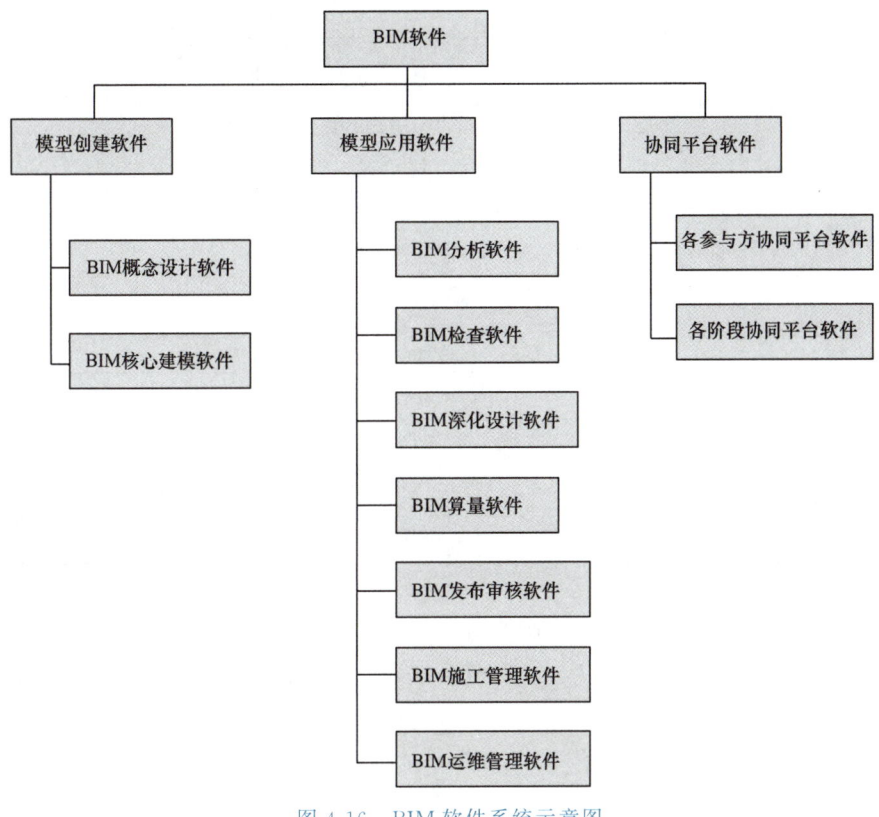

图 4-16　BIM 软件系统示意图

其中各类型软件下又存在各种不同公司软件可供选择,如 BIM 核心建模软件主要有:Revit Architecture、Bentley Architecture、CATIA 和 ArchiCAD 等。因此,在项目 BIM 实施软件选择时,应首先了解各软件的特点及操作要求,在此基础上根据项目特点、企业条件和应用要求等因素选择合适的 BIM 软件。

下面以某项目 BIM 软件应用计划为例,对软件配置及应用做出具体描述,见表 4-8。

表 4-8　　　　　　　　　　某项目 BIM 软件应用计划

| 序号 | 实施内容 | 应用工具 |
| --- | --- | --- |
| 1 | 全专业模型的建立 | Revit 系列软件、Bentley 系列软件、ArchiCAD、Digital Project、Xsteel |
| 2 | 模型的整理及数据的应用 | Revit 系列软件、PKPM、RTABS、ROBOT |
| 3 | 碰撞检测 | Revit Architecture、Revit Structure、Revit MEP、Naviswork Manage |
| 4 | 管综优化设计 | Revit Architecture、Revit Structure、Revit MEP、Naviswork Manage |
| 5 | 4D 施工模拟 | Naviswork Manage、Project Wise Navigator Visula Simulation、Synchro |

(续表)

| 序号 | 实施内容 | 应用工具 |
| --- | --- | --- |
| 6 | 各阶段施工现场平面施工布置 | Sketch up |
| 7 | 钢骨柱节点深化 | Revit Structure、钢筋放样软件 PKPM、Tekla Structure |
| 8 | 协同、远程监控系统 | 自主开发软件 |
| 9 | 模架验证 | Revit 系列软件 |
| 10 | 挖土、回填土计算 | Civil 3D |
| 11 | 虚拟可视空间验证 | Naviswork Manage、3DMax |
| 12 | 能耗分析 | Revit 系列软件、MIDAS |
| 13 | 物资管理 | 自主开发软件 |
| 14 | 协同平台 | 自主开发软件 |
| 15 | 三维模型交付及维护 | 自主开发软件 |

(2)软件版本升级

为了保证数据传递的通畅性,在项目 BIM 实施阶段软件资源配置时,应根据甲方具体要求或与项目各参与方进行协同合理选择软件版本,对不符合要求的版本软件进行相应的升级。从而避免各软件之间的兼容问题及接口问题,以保证项目实施过程中 BIM 模型和数据能够实现各参与方之间的精准传递,实现项目全生命周期各阶段的数据共享和协同。

(3)软件自主开发

因各项目具有不同的特征,且项目各阶段应用内容复杂、形式丰富,市场现有的 BIM 软件或 BIM 产品可能不能完全满足项目的所有需求。故在企业条件允许的情况下,可根据具体需求自主研发相应的实用性软件,也可委托软件开发公司开发符合其要求的软件产品,从而实现软件与项目实施的紧密配合。如某施工企业根据项目施工特色自主研发了用于指导施工过程的软件平台,在工作协同、综合管理方面,通过自主研发的施工总包 BIM 协同平台,来满足工程建设各阶段需求。

**2.硬件配置**

BIM 模型携带的信息数据庞大,因此,在 BIM 实施硬件配置上应具有严格的要求,根据不同用途和方向并结合项目需求和成本控制,对硬件配置进行分级设置,即最大限度地保证了硬件设备在 BIM 实施过程中的正常运转,最大限度地有效控制成本。

另外,项目实施过程中 BIM 模型信息和数据具有动态性和可共享性,因此在保障硬件配置满足要求的基础上还应根据工程实际情况搭建 BIM 服务系统,方便现场管理人员和 BIM 中心团队进行模型的共享和信息传递。通过在项目部和 BIM 中心各搭建服务器,以 BIM 中心的服务器作为主服务器,通过广域网将两台服务器进行互联,然后分别给项目部和 BIM 中心建立模型的计算机进行授权,就可以随时将自己修改的模型上传到服务器上,实现模型的异地共享,确保模型的实时更新。

以下从模型信息创建、数据存储管理和数据信息共享这三个阶段对硬件资源配置要求做出简要介绍。

(1) 模型信息创建

模型信息创建阶段是 BIM 技术应用的初始阶段，主要指的是 BIM 工程师根据设计要求在电脑上采用相应软件建立 BIM 模型，同时将项目相关信息数据录入相应模型及构件，故在此阶段对操作电脑的硬件要求较高，具体电脑硬件配置要求见表 4-9。

表 4-9　　　　　　　　　　　　电脑硬件配置要求

| 电脑硬件 | 参考要求 |
| --- | --- |
| CPU | 推荐拥有二级或三级高速缓冲存储器的 CPU<br>推荐多核系统，多核系统可以提高 CPU 的运行效率，在同时运行多个程序时速度更快，即使软件本身不支持多线程工作，采用多核也能在一定程度上优化其工作表现 |
| 内存 | 一般所需内存的大小应最少是项目内存的 20 倍，由于目前大部分应用 BIM 的项目都比较大，一般推荐采用 8 GB 或 8 GB 以上的内存 |
| 显卡 | 应避免集成式显卡，集成式显卡运行时需占用系统内存，而独立显卡具有自己的显存，显示效果和运行性能更好。一般显存容量不应小于 512 MB |
| 硬盘 | 硬盘的转速对系统具有一定影响，但其对软件工作表现的提升作用没有前三者明显 |

关于各个软件对硬件的要求，软件商一般会有推荐的硬件配置要求，但从项目应用 BIM 的角度出发，需要考虑的不仅是单个软件产品的配置要求，还需要考虑项目的大小、复杂程度、BIM 的应用目标、团队应用程度、工作方式等。

(2) 信息数据存储管理

在模型数据创建完成后，BIM 中心和项目部应配置相应设备将项目各专业模型及信息进行管理及存储，同时也包括对项目实施各阶段不断录入的数据进行保存。具体配置可参考如下：

①配置多台 UPS；

②配置多台图形工作站；

③配置多台 NAS 存储。

(3) 数据传递与共享

BIM 技术的应用是对模型信息的动态协同管理和应用，故需在项目部与公司 BIM 中心之间建立相应的网络系统，从而实现数据信息共享，具体配置见表 4-10。

表 4-10　　　　　　　　　　　　网络服务配置

| 部门 | 配置 | 说明 |
| --- | --- | --- |
| 项目部 | 数据库服务器 | 提供数据查询、数据更新、事务管理、索引、高速缓存、查询优化、安全及多用户存取控制等服务 |
| | 文件服务器 | 向数据服务器提供文件 |
| | WEB 服务器 | 将整个系统发布到网络上，使用户通过浏览器就可以访问系统 |
| | 数据网关服务器 | 在网络层以上实现网络互连 |

(续表)

| 部门 | 配置 | 说明 |
|---|---|---|
| 公司BIM中心 | 数据网关服务器 | 在网络层以上实现网络互连 |
|  | Revit Server 服务器 | 它是与 Revit Architecture、Revit Structure、Revit MEP 和 Autodesk Revit 配合使用的服务器。它为 Revit 项目实现基于服务器的工作共享奠定了基础。工作共享的项目是一个可供多个团队成员同时访问和修改的 Revit 建筑模型 |

### 4.3.4 软件培训

BIM 软件培训应遵循以下原则：

(1) 关于培训对象

应选择具有建筑工程或相关专业大专以上学历、具备建筑信息化基础知识、掌握相关软件基础应用的设计、施工、房地产开发公司技术和管理人员。

(2) 关于培训方式

①授课培训

授课培训即脱产集中学习的方式，授课地点统一安排在多媒体计算机房，每次培训人数不宜超过 30 人，为学员配备计算机，在集中授课时，配有助教随时辅导学员上机操作。技术部负责制订培训计划、跟踪培训实施、定期汇报培训实施状况，并最终给予考核成绩，以确保培训得以顺利实施，达到对培训质量的要求。

授课培训可分为内聘讲师培训及外聘讲师培训。

a. 内聘讲师培训

公司人力资源部从内部聘任一批 BIM 技术能手为讲师，采取"师带徒，一帮一"的培养方式。一方面充分利用公司内部员工的先进技能和丰富的实践经验，帮助 BIM 初学者尽快提高业务能力，另一方面可以节约培训费用，也很好地解决了集中培训困难的问题。

b. 外聘讲师培训

事先调查了解员工在学习运用 BIM 技术过程中遇到的问题和困惑，然后外聘专业讲师进行针对性的专题培训。外聘讲师具有员工所不具备的 BIM 运用经验、善于使用专业的培训技巧，容易调动员工的学习兴趣，高效解决实际疑难问题。

②网络视频培训

网络视频培训是现代企业培训中不可或缺的一部分，成为现代化培训中非常重要、有效的手段，它将文字、声音、图像以及静态和动态进行巧妙地结合，激发员工的学习兴趣，提高员工的思考和思维能力。培训课件内容丰富，从 BIM 软件的简单入门操作到高级技巧运用，从土建、钢筋到电气、消防、暖通专业，样样俱全，并包含大量的工程实例。

③借助专业团队培训

运用 BIM 技术之初,管理人员在面对新技术时可能会比较困惑,缺乏对 BIM 的整体了解和把握。引进工程顾问专业团队,实现工程顾问一对一辅导、分专业培训,可帮助学员明确方向,避免不必要的错误。

④结合实战培训

实战培训是通过实际项目的运作来检验学习成果。选择难度适中的 BIM 项目,让学员参与到项目的应用中,将前期所学的知识技能运用到实际工程中,同时发现自身不足之处或存在的知识盲区,通过学习知识→实际运用→运用反馈→再学习的培训模式,使学员在实战中迅速成长,同时也为学员初步积累了 BIM 运用经验。

(3)关于培训主题

应普及 BIM 的基础概念,从项目实例中剖析 BIM 的重要性,深度分析 BIM 的发展前景与趋势,多方位展示 BIM 在实际项目操作与各个方面的联系;围绕市场上的主要 BIM 应用软件进行培训,同时要对学员进行测试,随时将理论学习与项目实战相结合,并要对学员的培训状况及时反馈。

### 4.3.5 数据准备

数据准备即 BIM 数据库的建立及提取。BIM 数据库是管理每个具体项目海量数据创建、承载、管理、共享支撑的平台。企业将每个工程项目 BIM 模型集成在一个数据库中,即形成了企业级的 BIM 数据库。BIM 技术能自动计算工程实物量,因此 BIM 数据库也包含大量的数据。BIM 数据库可承载工程全生命周期几乎所有的工程信息,并且能建立起 4D 关联关系数据库。这些数据库信息在建筑全过程中动态变化调整,并可以及时准确地调用系统数据库中包含的相关数据,加快决策进度、提高决策质量,从而提高项目质量,降低项目成本,增加项目利润。

建立 BIM 数据库对整个工程项目有着重要的意义,具体体现在以下四个方面:

**1.快速算量,精度提升**

BIM 数据库的创建,通过建立 6D 关联数据库,可以准确快速地计算工程量,提升施工预算的精度与效率。由于 BIM 数据库的数据粒度达到构件级,可以快速提供支撑项目各条线管理所需的数据信息,有效提升施工管理效率。

**2.数据调用,决策支持**

BIM 数据库中的数据具有可计量(Computable)的特点,大量工程相关的信息可以为工程提供数据后台的巨大支撑。BIM 中的项目基础数据可以在各管理部门进行协同和共享,工程量信息可以根据时空维度、构件类型等进行汇总、拆分、对比分析等,保证工程基础数据及时、准确地提供,为决策者制定工程造价项目群管理、进度款管理等方面的决策提供依据。

**3.精确计划,减少浪费**

施工企业精细化管理很难实现的根本原因在于海量的工程数据,无法快速准确地获取用以支持资源计划,以致使经验主义盛行。而 BIM 的出现可以让相关管理线条快速准确地获得工程基础数据,为施工企业制订精确的人、材、机计划提供了有效支撑,大大减少了资源、物流和仓储环节的浪费,为实现限额领料、消耗控制提供了技术支撑。

#### 4.多算对比,有效管控

管理的支撑是数据,项目管理的基础就是工程基础数据的管理,及时、准确地获取相关工程数据就是项目管理的核心竞争力。BIM 数据库可以实现任一时间上工程基础信息的快速获取,通过合同、计划与实际施工的消耗量、分项单价、分项合价等数据的多算对比,可以有效了解项目运营是盈是亏,消耗量有无超标,进货分包单价有无失控等问题,实现对项目成本风险的有效管控。

### 4.3.6 项目试运行

项目试运行,是一个确保记录所有系统和部件都能按明细和最终用户要求以及业主运营需要执行其相应功能的系统化过程。

根据美国建筑科学研究院(National Institute of Building Sciences,NIBS)的研究,一个经过试运行的建筑其运营成本要比没有经过试运行的低很多。在传统的项目交付过程中,信息要求集中于项目竣工文档、实际项目成本,实际工期和计划工期的比较,备用部件、维护产品、设备和系统培训操作手册等,这些信息主要由施工团队以纸质文档形式进行递交。而使用项目试运行方法,信息需求来源于项目早期的各个阶段。连续试运行则要求从项目概要设计阶段就考虑试运行需要的信息要求,同时在项目发展的每个阶段随时收集这些信息。

虽然设计、施工和试运行等活动是在数年之内完成的,但是项目的生命周期可能会延伸到几十年甚至几百年,因此运营和维护是最长的阶段,当然也是成本最高的阶段。毋庸置疑,运营和维护阶段是能够从结构化信息递交中获益最多的项目阶段。运营和维护阶段的信息需求包括设施的法律、财务和物理等各个方面,信息的使用者包括业主、运营商(包括设施经理和物业经理)、住户、供应商和其他服务提供商等。物理信息几乎完全可以来源于交付和试运行阶段。此外,运维阶段也产生自己的信息,这些信息可以用来改善设施性能,以及支持设施扩建或清理的决策。运维阶段产生的信息包括运行水平、满足程度、服务请求、维护计划、检验报告、工作清单、设备故障时间、运营成本、维护成本等。

最后,还有一些在运营和维护阶段对设施造成影响的项目,例如住户增建、扩建改建、系统或设备更新等,每一个这样的项目都有自己的生命周期、信息需求和信息源,实施这些项目最大的挑战就是根据项目变化更新整个设施的信息库。

### 4.3.7 项目管理应用

由于施工项目有施工总承包、专业施工承包、劳务施工承包等多种形式,其项目管理的任务和工作重点也会有很大的差别。BIM 在项目管理中按不同工作阶段、内容、对象和目标可以分很多类别,具体见表 4-11。

表 4-11　　　　　　　　　BIM 在项目管理中应用内容划分

| 类别 | 按工作阶段划分 | 按工作对象划分 | 按工作内容划分 | 按工作目标划分 |
|---|---|---|---|---|
| 1 | 投标签约管理 | 人员管理 | 设计及深化设计 | 工程进度控制 |
| 2 | 设计管理 | 机具管理 | 各类计算机仿真模拟 | 工程质量控制 |
| 3 | 施工管理 | 材料管理 | 信息化施工、动态工程管理 | 工程安全控制 |
| 4 | 竣工验收管理 | 工法管理 | 工程过程信息管理与归纳 | 工程成本控制 |
| 5 | 运维管理 | 环境管理 | — | — |

下面以某一施工项目管理 BIM 应用为例对项目应用做出详细说明。

该施工项目中的 BIM 应用主要可分为十一大模块，分别为投标应用、深化设计、图纸和变更管理、施工工艺模拟优化、可视化交流、预制加工、施工和总承包管理、工程量应用、竣工管理和数字化集成交付、信息化管理及其他应用。每个模块的具体应用点见表 4-12。

表 4-12　　　　　　　　　　　BIM 应用清单

| 模块 | 序号 | 应用点 |
|---|---|---|
| 模块一　BIM 支持投标应用 | 1 | 技术标书精细化 |
| | 2 | 提高技术标书表现形式 |
| | 3 | 工程量计算及报价 |
| | 4 | 投标答辩和技术汇报 |
| | 5 | 投标演示视频制作 |
| 模块二　基于 BIM 的深化设计 | 1 | 碰撞分析、管线综合 |
| | 2 | 巨型及异形构件钢筋复杂节点深化设计 |
| | 3 | 钢结构连接处钢筋节点深化设计研究 |
| | 4 | 机电结构预留洞口深化设计 |
| | 5 | 物体工程深化设计 |
| | 6 | 样板展示楼层装饰装修深化设计 |
| | 7 | 综合空间优化 |
| | 8 | 幕墙优化 |
| 模块三　BIM 支持图纸和变更管理 | 1 | 图纸检查 |
| | 2 | 空间协调和专业冲突检查 |
| | 3 | 设计变更评审与管理 |
| | 4 | BIM 模型出施工图 |
| | 5 | BIM 模型出工艺参考图 |

(续表)

| 模块 | 序号 | 应用点 |
|---|---|---|
| 模块四 基于BIM的施工工艺模拟优化 | 1 | 大体积混凝土浇筑施工模拟 |
| | 2 | 基坑内支撑拆除施工模拟及验算 |
| | 3 | 钢结构及机电工程大型构件吊装施工模拟 |
| | 4 | 大型垂直运输设备的安拆及爬升模拟与辅助计算 |
| | 5 | 施工现场安全防护设施施工模拟 |
| | 6 | 样板楼层工序优化及施工模拟 |
| | 7 | 设备安装模板仿真演示 |
| | 8 | 4D施工模拟 |
| | 9 | 基于BIM的测量技术 |
| | 10 | 模板、脚手架、高支模BIM应用 |
| | 11 | 装修阶段BIM技术应用 |
| 模块五 基于BIM的可视化交流 | 1 | 作为相关方技术交流平台 |
| | 2 | 作为相关方管理工作平台 |
| | 3 | 基于BIM的会议(例会)组织 |
| | 4 | 漫游仿真展示 |
| | 5 | 基于三维可视化的技术交底 |
| 模块六 BIM支持预制加工 | 1 | 数字化加工BIM应用 |
| | 2 | 混凝土构件预制加工 |
| | 3 | 机电管道支架预制加工 |
| | 4 | 机电管线预制加工 |
| | 5 | 为构件预制加工提供模拟参数 |
| | 6 | 预制构件的运输和安排 |
| 模块七 基于BIM的施工和总承包管理 | 1 | 施工进度三维可视化演示 |
| | 2 | 施工进度监控和优化 |
| | 3 | 施工资源管理 |
| | 4 | 施工工作面管理 |
| | 5 | 平面布置协调管理 |
| | 6 | 工程档案管理 |
| 模块八 基于BIM技术的工程量应用 | 1 | 基于BIM技术的工程量测算 |
| | 2 | BIM量与定额的对接应用 |
| | 3 | 通过BIM进行项目策划管理 |
| | 4 | 5D分析 |

(续表)

| 模块 | 序号 | 应用点 |
|---|---|---|
| 模块九 竣工管理和数字化集成交付 | 1 | 竣工验收管理 BIM 应用 |
| | 2 | 物业管理信息化 |
| | 3 | 设备设施运营和维护管理 |
| | 4 | 数字化交付 |
| 模块十 基于 BIM 的信息化管理 | 1 | 采购管理 BIM 应用 |
| | 2 | 造价管理 BIM 应用 |
| | 3 | BIM 数据库在生产和商务上的应用 |
| | 4 | 质量管理 BIM 应用 |
| | 5 | 安全管理 BIM 应用 |
| | 6 | 绿色施工 |
| | 7 | BIM 协同平台的应用 |
| | 8 | 基于 BIM 的管理流程再造 |
| 模块十一 其他应用 | 1 | 三维激光扫描与 BIM 技术结合应用 |
| | 2 | GIS+ BIM 技术结合应用 |
| | 3 | 物联网技术与 BIM 技术结合应用 |

## 4.4 项目完成阶段

### 4.4.1 项目总结

项目总结即在项目完成后对其进行一次全面系统的总检查、总评价、总分析、总研究，并分析其中不足，得出经验。项目总结主要体现在以下两个方面：

**1. 项目重点、难点总结**

项目重点、难点是项目能否实施完成、项目完成能否达到预期目标的重要因素，同时也是整个项目包括各阶段中投入工作量较大且容易出错的地方。故在项目总结阶段对工作难点、重点进行分析总结很有必要。

**2. 存在的问题**

存在的问题包括可避免的和不可避免的。其中可避免的问题主要是由技术方法不合理引起的。比如软件选择不合理、BIM 实施流程制定不合理、项目 BIM 技术路线不合理等。对于此类问题，可通过调整及完善技术或方法解决此项目中不合理的地方。故对此类问题的总结有利于企业在技术及方法方面的积累，可对今后相关项目提供详细的参考经验，以避免相似问题再次出现。不可避免的问题主要是人员及环境等主观因素引起的，比如工作人员个人因素的影响及环境天气不可预见性的影响等。对于此类问题的总结，可为相似项目在项目决策阶段提供参考，对于可能会出现的问题可提前做出准备及相应措施，以最大程度降低由此带来的损失。

以某项目 BIM 进度管理为例，可对工程应用 BIM 存在的问题及解决问题程度总结如下：在该项目中 BIM 对由主观因素引起的进度管理问题无法解决，只能解决或部分解决由客观条件和技术的落后所造成的进度问题，表 4-13 简明对比了传统方法和 BIM 技术在工程项目进度管理中的差异，提出了传统方法的局限性（问题）和 BIM 技术的优越性，同时分析了 BIM 技术对这些问题的解决程度。

表 4-13　　　　　　　　　　问题及解决程度分析

| 序号 | 现有问题 | 应用 BIM 技术 | 解决程度 |
| --- | --- | --- | --- |
| 1 | 劳动力不足、消极怠工 | 不能解决 | × |
| 2 | 二维图纸很难检查错误和矛盾 | 三维模型的碰撞检查能够有效规避设计成果中的冲突和矛盾 | |
| 3 | 进度计划编制中存在问题 | 基于 BIM 的虚拟施工有助于进度计划的优化 | |
| 4 | 二维图纸形象性差 | 三维模型有很强的形象性 | √ |
| 5 | 工程参与方沟通配合不通畅 | 资金计划和材料供应计划有助于各参与方之间的配合，基于同一模型并相互关联的进度计划 | |
| 6 | 对施工环境的影响预计不足 | 计算机虚拟环境有助于项目管理者有效预测环境的影响 | |

注："√"完全解决；"　"部分解决；"×"不能解决

三维模型的可视化有效地解决了施工人员的读图问题，按三维模型施工可减少施工成品与设计图纸不符的现象发生，所以针对问题 4 应用 BIM 技术能够完全解决。对于问题 2、3、5、6，BIM 技术的应用只能提高工作效率和降低这些问题发生的概率，无法解决由人员工作和管理中的失误所引起的进度问题，所以这些问题只能部分解决。同时，问题 1 是由于实际条件限制和人的主观因素造成的，这些问题无法通过改进工具和技术得到解决，所以应用 BIM 技术不能解决。

通过以上的经验总结可以全面、系统地了解以往的工作情况，可以正确认识以往工作中的优缺点，可以明确下一步工作的方向，少走弯路，少犯错误，提高工作效率。

### 4.4.2　项目评价

项目评价是指在 BIM 项目已经完成并运行一段时间后，对项目的目的、执行过程、效益、作用和影响进行系统的、客观的评价的一种技术经济活动。项目评价主要分为以下三部分：

**1. 项目完成情况**

项目完成情况即对项目 BIM 应用内容完成情况的评价。主要体现在是否完成设计项目及是否完成合同约定。完成设计项目情况指是否完成项目各部分内容。以某一体育中心 BIM 应用项目为例，其项目各部分包括建筑方案、结构图形、结构设计、深化设计、仿真分析、施工模拟、运维管理等。完成合同约定情况指是否按照合同要求按时按质按量完成项目,并交付相应文件资料。合同约定主要有:总承包合同约定、分包合同约定、专业承包合同约定等,以某国际会展中心 BIM 项目分包合同为例,其合同中约定在指定日期内乙方须完成建筑模型建立、结构模型建立、机电管道模型建立、结构部分施工过程动画模拟,并对甲方交付模型文件及动画文件。

**2.项目成果评价**

成果分析即对项目 BIM 是否达到实施目标做出分析评价。以某体育中心 BIM 项目为例,其在项目决策阶段制定的 BIM 实施目标是实现建筑性能化分析、结构参数化设计、建造可视化模拟、施工信息化管理、安全动态化监测、运营精细化服务,故在项目竣工完成后可从以上 6 个方面对项目成果进行评价,以检验项目是否达到应用目标。

**3.项目意义评价**

项目意义评价是对 BIM 项目的效益及影响作用做出客观分析评价,包括经济效益、环境效益、社会效益等。项目意义评价有利于对项目 BIM 形成更全面、更长远的认识。以某政务中心 BIM 项目为例,可从项目意义方面对其评价如下:该项目积累了高层结构建模、深化设计、施工模拟、平台开发及总承包管理的宝贵经验,所创建的企业级 BIM 标准为相关企业 BIM 应用标准的编制提供了依据,所开发的基于 BIM 技术的施工项目管理平台可作为类似项目平台研究及开发的样板,对以后 BIM 技术在施工中的深入应用提供参考价值。同时 BIM 技术的应用大大提高了施工管理的效率,与传统管理方式相比,该项目节省了大量人力、物料及时间,具有显著的经济效益。

通过以上三个方面对项目进行评价,确定项目目标是否达到,项目或规划是否合理有效,项目的主要效益指标是否实现,总结经验教训,并通过及时有效的信息反馈,为未来项目的决策和提高投资决策管理水平提出建议,同时也为被评项目实施运营中出现的问题提出改进建议,从而达到提高投资效益的目的。

## 本章小结

本章主要介绍了项目决策、项目实施、项目总结与评估等工程项目全过程中 BIM 实施情况,包括:项目 BIM 实施目标、制定技术路线及保障措施;具体介绍项目实施阶段的 BIM 实施模式、BIM 组织架构、软硬件技术资源配置、项目试运行等 BIM 应用;具体介绍 BIM 在项目各阶段的应用情况,并对项目的 BIM 实施情况进行总结和评价。

## 思考与练习题

4-1 以项目举例,简要说明项目 BIM 实施目标、制定技术路线及保障措施。

4-2 请设计项目实施阶段的 BIM 应用方案。

# 第 5 章　项目全生命周期内的 BIM 应用

### 本章要点

(1) BIM 在项目前期规划阶段的应用,包括工业和民用建筑、轨道交通和道路桥梁等领域。
(2) BIM 在设计阶段的应用,包括参数化设计、协同设计、碰撞检查及工程量和成本估算等。
(3) BIM 在施工阶段的应用,包括建筑施工场地布置、施工进度管理、施工质量安全管理和成本管理等。
(4) BIM 在运营维护阶段的应用,包括建筑全生命周期的基本概念、运维的基本概念和 BIM 在运营维护中的应用等。

### 学习目标

(1) 了解 BIM 在项目前期规划阶段的应用,包括工业和民用建筑等领域。
(2) 熟悉 BIM 在设计阶段的参数化设计、协同设计和碰撞检查等应用。
(3) 熟悉 BIM 在施工阶段的施工进度管理、施工质量安全管理和成本管理等应用。
(4) 了解建筑全生命周期的基本概念和 BIM 在运营维护中的应用等。

## 5.1　BIM 在规划阶段的应用

### 5.1.1　项目前期规划概述

几年前某县投资 2 000 万元建设了一个节水灌溉工程,但因用水成本较高与当地种植甘蔗的实际需求脱节,导致中看不中用,使得该工程成了华而不实的摆设。哪个环节出了问题致使该工程项目成了伤心工程、民怨工程呢?

项目前期规划是指在项目前期通过收集资料和调查研究,在充分收集信息的基础上针对项目的决策和实施,进行组织、管理、经济和技术等方面的科学分析和论证。这能保障项目主持方工作有正确的方向和明确的目的,也能促使项目设计工作有明确的方向并充分体现项目主持方的项目意图。项目前期策划的根本目的是项目决策和实施增值。增值可以反映在项目使用功能和质量的提高、实施成本和经营成本的降低、社会效益和经济效益的增长、实施周期的缩短、实施过程的组织和协调强化以及人们生活和工作的环境保护、环境美化等诸多方面。项目前期策划是最初的阶段,对整个项目的实施和管理起着决定性的作用,对项目后期的实施、运营乃至成败具有决定性的作用。工程项目的前期策划工作包括项目的构思、情况调查、问题定义、提出目标因素、建立目标系统、目标系统优化、项目定义、项目建议书、可行性研究、项目决策等,要考虑科学发展观、市场需求、工程建设、节能环保、资本运作、法律政策、效益评估等众多专业学科的内容。

项目前期策划阶段对整个建筑工程项目的影响是非常大的。前期策划做得好,随后进行的设计、施工、运营就会进展顺利;前期策划做得不好,将会对后续各个工程阶段造成不良的影响。

美国著名的HOK建筑师事务所总裁Patrick Macleamy提出过具有广泛影响的麦克利米曲线(Macleamy Curve),如图5-1所示,其清楚地说明了项目前期策划阶段的重要性以及实施BIM对整个项目的积极影响。

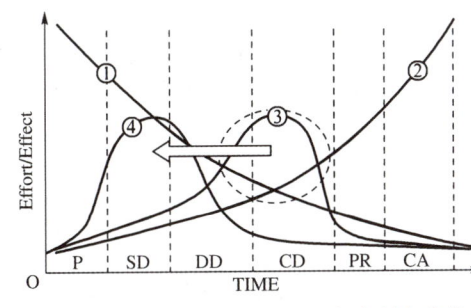

图 5-1 麦克利米曲线

P:设计阶段
SD:方案阶段
DD:深化阶段
CD:施工图阶段
PR:施工前期准备阶段
CA:施工阶段

图中曲线①表示影响成本和功能特性的能力,它表明在项目前期阶段的工作对于成本、建筑物的功能影响力是最大的,越往后这种影响力越小。

图中曲线②表示设计变更的费用,它的变化显示了在项目前期改变设计所花费的费用最低,越往后期费用越高。

对比图中曲线③和曲线④可发现,早期就采用BIM技术可使设计对成本和性能的影响时间提前,进而对建筑物的功能和节约成本有利。

在项目的前期就应该及早应用BIM技术,使项目所有利益相关者能够尽早参与前期策划,让每个参与方都可以尽早发现各种问题并做好协调工作,以保证项目的设计、施工、交付使用顺利进行。

BIM在项目的前期规划阶段的主要应用包括现状分析、场地分析、成本估算、规划编制、建筑策划等,详细应用情况见表5-1。

表 5-1　　　　　　　　　BIM 在项目的前期规划阶段的主要应用

| 序号 | 应用方面概要 | 主要应用具体情况 |
|---|---|---|
| 1 | 现状分析 | 在项目前期规划阶段，把现状图纸导入基于 BIM 技术的软件，创建出场地现状模型，根据规划创建出地块的用地红线及道路红线，并生成道路指标。之后创建建筑体块的各种方案，创建体量模型，做好交通、景观、管线等综合规划，进行概念设计，建立建筑物初步的 BIM 模型 |
| 2 | 场地分析 | 根据项目的经纬度借助相关软件采集此地气候数据，并基于 BIM 模型数据利用分析软件进行气候分析、环境影响评估，包括日照、风、热、声环境影响评估。某些项目还要进行交通影响模拟应用 |
| 3 | 成本估算 | BIM 技术强大的信息统计功能，可以获取较为准确的土建工程量，即直接计算本项目的土建造价。还可提供对方案进行补充和修改后所产生的成本变化，可快速知道设计变化对成本的影响，衡量不同方案的造价优劣 |
| 4 | 规划编制 | 应用 BIM 模型、漫游动画、管线碰撞报告、工程量及经济技术指标统计表等 BIM 技术的成果编制设计任务书 |
| 5 | 建筑策划 | 利用参数化建模技术，可以在策划阶段快速组合生成不同的建筑方案 |

在工程建设行业中，无论是哪个行业，是否能够帮助业主把握好产品和市场之间的关系是项目规划阶段至关重要的一点，BIM 则恰好能够为项目各方在项目策划阶段提出使市场效益最大化的建议。同时在规划阶段，BIM 技术对于建设项目在技术和经济上可行性论证提供了帮助，提高了论证结果的准确性和可靠性。然而不同类型项目在前期阶段的 BIM 应用有所不同，下面将分别介绍工业与民用建筑、轨道交通、道路桥梁等项目前期阶段的 BIM 应用情况。

### 5.1.2　BIM 在工业和民用建筑中的应用

在项目规划阶段，业主需要确定建设项目、方案是否既具有技术与经济可行性又能满足类型、质量、功能等要求。但是，只有花费大量的时间、金钱与精力，才能得到可靠性较高的论证结果。而 BIM 技术可以为广大业主提供概要模型，针对建设项目方案进行分析和模拟，从而为整个项目降低成本、缩短工期并提高质量。

现阶段，工业与民用建筑项目在规划阶段主要将 BIM 技术应用在以下几个方面，如图 5-2 所示。

**1. BIM 在场地规划方面的应用**

场地规划是研究影响建筑物定位的主要因素，是确定建筑物的空间方位和外观、建立建筑物与周围景观联系的过程。在规划阶段，场地的地貌、植被、气候条件都是影响设计决策的重要因素，往往需要通过场地分析来对景观规划、环境现状、施工配套及建成后交通流量等各种影响因素进行评价及分析。传统的场地分析存在诸如定量分析不足、主观因素过重、无法处理大量数据信息等弊端，通过 BIM 结合地理信息系统（GIS），对场地及拟建的建筑物空间数据进行建模，通过 BIM 及 GIS 软件的强大功能，迅速得出令人信服的分析结果，从而做出新建项目最理想的场地规划、交通路线组织关系、建筑布局等关键决策。

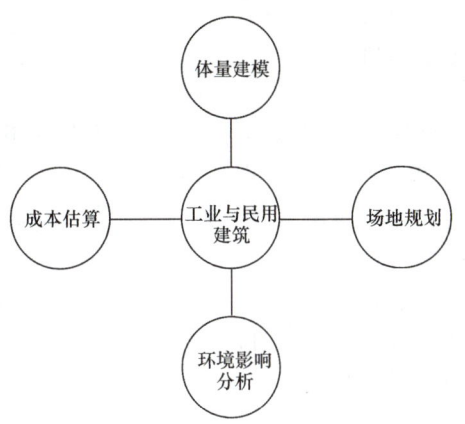

图 5-2　BIM 在工业与民用建筑前期规划的主要应用点

**2.BIM 在体量建模方面的应用**

在项目的早期规划阶段，BIM 的体量功能可以帮助设计师进行自由形状建模和参数化设计，并能够让使用者对早期设计进行分析。借助 BIM，设计师还可以自由绘制草图，快速创建三维形状，交互处理各个形状。BIM 也为建筑师、结构工程师和室内设计师提供了更大的灵活性，让他们能够表达想法并创建可在初始阶段集成到建筑信息建模（BIM）中的参数化体量。以 Revit 为例，其概念体量的功能，便于设计师对设计意图进行推敲和选型，并根据实际情况实时进行基本技术指标的优化。

**3.BIM 在环境影响分析方面的应用**

建筑业每年对全球资源的消耗和温室气体的排放几乎占全球总量的一半，采用有效手段减少建筑对环境的影响具有重要的意义，因此在项目的规划阶段进行必要的环境影响分析显得尤为重要。通过基于 BIM 的参数化建模软件（如 Revit 的应用程序接口 API），将建筑信息模型 BIM 导入各种专业的可持续分析工具软件（如 Ecotect 软件），可以进行日照、可视度、光环境、热环境、风环境等的分析和模拟仿真。在此基础上，对整个建筑的能耗、水耗和碳排放进行分析和计算，使建筑设计方案的能耗符合标准，从而可以帮助设计师更加准确地评估方案对环境的影响程度，优化设计方案，将建筑对环境的影响降到最低。

**4.BIM 在成本估算方面的应用**

建筑成本估算对于项目决策起到至关重要的作用。一方面，此过程通常由预算员先将建筑设计师的纸质图纸数字化，或将其 CAD 图纸导入成本预算软件，或者利用图纸手工算量，上述方法增加了出现人为错误的风险，也使原图纸中的错误继续扩大。如果使用 BIM 技术，所需材料的名称、数量和尺寸都可以在模型中直接生成，而且这些信息将始终与设计保持一致。在设计出现变更时，如窗户尺寸缩小，该变更将自动反映到所有相关的施工文档和明细表中，预算员使用的所有材料名称、数量和尺寸也会随之变化。另一方面，预算员用在计算数量上的时间在不同项目中有所不同，但在编制成本估算时，50%～80%的时间要用来计算数量。而利用 BIM 算量有助于快速编制更为精确的成本估算，并根据方案的调整进行实时数据更新，从而节约了大量时间。

### 5.1.3 BIM在轨道交通中的应用

近30年来,中国城市轨道交通正逐步进入稳步、有序的快速发展阶段,尤其是近10年来,由于国家政策的正确引导和相关城市对规划建设轨道交通的积极投入,从发展速度、规模和现代化水平方面均突显出后发优势。城市轨道交通工程建设规模大、周期长(一般可达4~7年),各相关主要专业多达20余个,专业间协调工作量巨大。同时由于地铁工程受环境因素影响较大,经常出现各种各样的工程变更,涉及各专业和部门,形成各专业不断调整、协调的动态设计过程。同时,相比于一般建筑工程项目,城市轨道交通项目在前期规划阶段需要进行线网规划、线路走向、线站位选取等复杂规划,其规划方案的好坏会直接影响到城市的发展。现阶段,BIM也已经开始在城市轨道交通工程中推广应用,其全新的理念在一定程度上提高了轨道交通规划、设计、施工、运维的科学技术水平,特别是在规划阶段,BIM在可视化、参数化、信息化方面的优势为其规划方案设计提供了快速直观的设计表达方式。

现阶段,BIM在轨道交通工程规划阶段主要应用在以下几个方面,如图5-3所示。

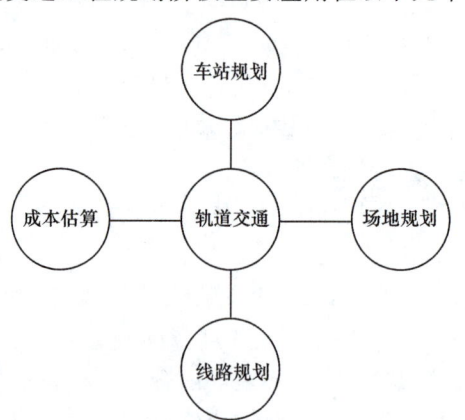

图5-3 BIM在轨道交通前期规划的主要应用点

**1. BIM在轨道交通场地规划方面的应用**

将BIM与GIS相结合,建立地下轨道交通模型,并将线路模型导入,借助周边场景的模拟寻找最佳走向。同时可对轨道交通项目线路周边的交通情况进行模拟,通过交通综合分析模拟,直观分析建设项目对周边交通的影响,对比不同的方案在建设期内可能造成的影响、材料物料供应的可行性等问题,选择最优方案,避免因供给因素所造成的影响。

**2. BIM在轨道交通车站规划方面的应用**

用BIM技术对地铁车站客流进行三维动态仿真模拟,可以较真实地反映地铁客流和商业客流的交互关系。通过不断调整初始客流,获取最优的客流分布,为确定车站出入口的布置和地下空间开发规模提供有价值的参考信息。这样既可以避免高峰时段客流的拥堵,也可以防止因客流不足而造成的地下空间资源浪费。

**3. BIM在轨道交通线路规划方面的应用**

利用BIM可视化的特点,结合GIS信息,建立周边的建筑物、环境、地下空间的模型,并将不同方案的设计模型导入,进行方案比对,通过可视化的场景能够更好地辅助线路的选择，辅助整体线路规划，从而找出不同选址的问题点，提高选址决策的准确性。

**4.BIM 在轨道交通成本估算方面的应用**

利用 BIM 快速计算工程量的特点，能够尽最大可能提供准确的工程量数据，并且对不同方案进行快速计算得到精确的工程量，从而得到相对准确的投资估算，为项目决策提供可靠的数据支持，降低项目风险。

### 5.1.4　BIM 在道路桥梁中的应用

公路作为我国基础建设的重要内容，直接影响着国家的经济发展。公路建设存在着建设周期长、影响范围广、投资金额大等特点。公路线路的规划是否合理，是项目决策正确与否的决定因素。同时，桥梁作为公路工程的组成部分，在整个项目中占据极为重要的地位。因为大桥梁工程及复杂桥梁工程的选址及样式方案的优劣直接关系到整个项目成功与否，因此合理完成公路的规划就显得尤为重要。

运用 BIM 全生命周期的理念和技术，可以根据规范及建设标准快速建立公路项目的可行性研究模型。由于模型是信息化的，具有参数化和可运算的特征，因此通过计算分析，在模型中进行线路、行人、人群流量预测，能够有效地确定项目功能定位和建设的必要性。同时，公路 BIM 模型可把路线走廊带以动画的形式显示出来，使建设方、各专家及决策方能在直观条件下对方案做出比选。

在公路的规划阶段，一般要求能简洁、快速地把全线中关键控制点及重要构造物展示出来，而不需要具体详细的结构参数。因此，BIM 可以运用专业软件（如基于三维平台的 GIS 空间选线系统）导入地面高程数据及相关地理信息，然后结合相关技术标准，就可直接进行公路路线设计。同时，BIM 能利用虚拟的信息技术把线路及地形以三维立体形式显示出来，形成三维立体选线系统，并且利用该系统可以同时生成几条路线进行方案比选，实现工程投资概算、工程量查询、工期制定等功能，系统产生的数据也可以为后续设计奠定基础。

现阶段，道路桥梁项目在规划阶段主要将 BIM 技术应用在以下几个方面，如图 5-4 所示。

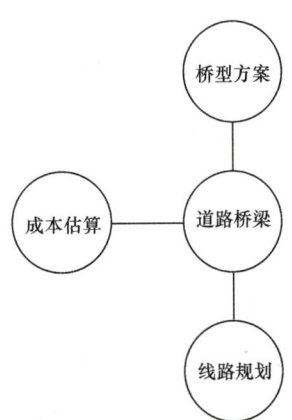

图 5-4　BIM 在道路桥梁前期规划的主要应用点

**1. BIM 在公路线路规划方面的应用**

利用 BIM,设计师可以快速导入地面高程数据及相关地理信息,将原始地形以三维立体的方式显示出来,进而在可视化的条件下生成多条路线进行有效比选。

**2. BIM 在桥型方案方面的应用**

现阶段,在桥型方案规划中,BIM 可以让桥梁工程师基于真实的地形、环境场景和既有线路在三维视图下以搭积木的方式快速建立直观的桥梁三维模型,并完成初步的工程量统计,同时也能完成桥梁在净高、视野、安全等方面的分析,为业主提供直观有效的决策辅助。

**3. BIM 在路桥成本估算方面的应用**

以公路建设为例,其土方量是决定成本的重要因素之一。利用 BIM 与 GIS 的结合,可以快速完成现有规划路线的土方量计算,生成必要的土方调配表,用以分析合适的挖填距离和要移动的土方数量。同时,也能从道路桥梁模型中提取相应的工程量,快速完成路桥的工程成本估算,为项目的决策提供数据支撑。

## 5.2 BIM 在设计阶段的应用

### 5.2.1 参数化设计

**1. 概述**

参数化设计的概念最早源于美国麻省理工学院 Gassard 教授提出的"变量化设计"。与传统的 CAD 系统不同,参数化设计系统把影响设计的主要因素当成参数变量,即把设计要求看成参数,并首先找到某些重要的设计要求作为参数,然后通过某种或几种规则系统(算法)作为指令构筑参数关系,再利用计算机语言描述参数关系形成软件参数模型。在计算机语言环境中输入参变量数据信息,同时执行算法指令时,就可实现生成目标,得到设计方案雏形。因此,参数化设计在一定程度上改变了传统的设计方式和思维观念。

参数化设计最早仅应用于工业设计领域,20 世纪 90 年代后期在欧美一些著名建筑设计院所的推动下,以参数化设计为主,关联设计、参数化设计、数字化设计、数字建构、建筑信息模型、非线性建筑等建筑新思潮蓬勃发展,目前基于 BIM 的参数化设计已遍布建筑设计的整个过程。

(1)参数化建模

参数化建模是基于 BIM 的参数化设计的核心。随着人们审美观念的转变,现代建筑经常采用漂亮的异形、自由曲面设计,其模型复杂,建模困难。利用 BIM 的参数化建模技术,设计师只需预先设定好模型的参数值、参数关系及参数约束,然后由系统创建具有关联和连接关系的建筑形体。图 5-5 所示为使用参数化软件 Rhino 创建的某球场模型。图 5-6 则是设计师为完成建模,而使用 Grasshopper(一款在 Rhino 环境下运行的采用程序算法生成模型的插件)创建模型时的电池图(部分示意)。

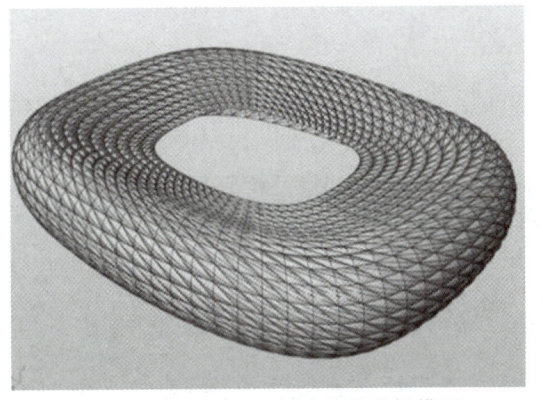

图 5-5　使用 Rhino 创建的某球场模型

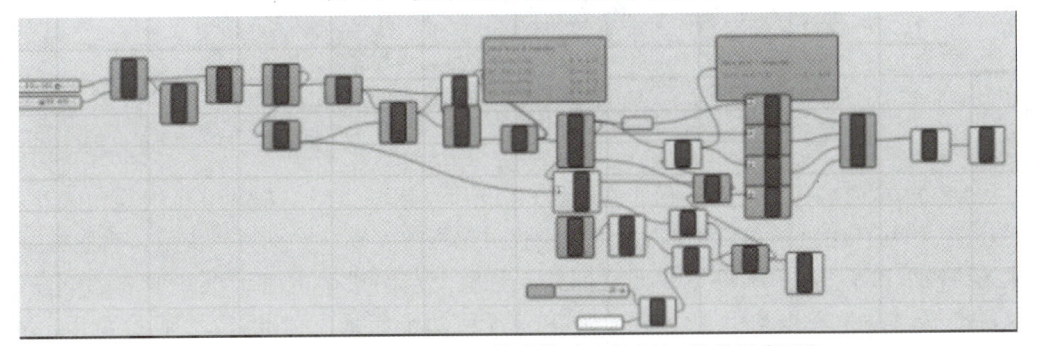

图 5-6　使用 Grasshopper 创建模型时的电池(部分示意)图

(2)创建结构分析模型

BIM 模型里的参数不仅包括建筑物的几何信息和物理信息,还包含丰富的结构分析信息,如杆件的拓扑信息、刚度数据、节点信息、材料特性、荷载分布、边界支撑条件等。设计师可利用 BIM 系统创建结构实体构件,并自动生成结构分析模型,建立有限元结构信息模型。

此外,BIM 系统所带的分析检查功能还可以保证所创建结构分析模型的正确合理,设计师可将其导入专门的结构分析软件,进行计算分析并调整构件的材料和尺寸。

(3)多方案优化设计

基于 BIM 的参数化设计系统,通常使用多方案的设计选项参数。它利用一个模型并发研究多个方案,设计师在进行建筑方案的量化、可视化和假设分析、推敲时,只需在模型中关闭或开启某些设计选项功能,即可实现多方案的切换。

(4)自动出图

利用传统 CAD 系统进行设计时,如果出现设计变更,需要设计师手动、逐项修改各张图纸的相关信息,不仅工作量大,还存在漏改的风险。而 BIM 系统的参数化设计,由于模型、图纸及其他数据信息是相互关联的,因此保证了变更准确和实时传递,节省了设计师的时间和精力,大大提高了设计效率。

(5)基于经济性的结构优化设计

基于 BIM 技术的设计软件可提供强大的工程量统计功能,工程师可以根据自己的需要,添加或自定义字段,提取所需信息,为实现基于"投资效益"准则的性能化结构设计提供便捷、高效的工具。

**2. 参数化设计案例**

"水立方"是国家游泳中心为迎接 2008 年北京奥运会而修建的主游泳馆,如图 5-7 所示。

图 5-7　水立方

"水立方"的名称与它的外形非常吻合,其设计灵感源于肥皂泡和有机细胞的天然图案,因为采用了 BIM 技术,才使得这样的设计灵感能够实现。如图 5-8 所示,"水立方"的建筑结构采用了 3D 的维伦第尔式空间梁架。整个空间梁架由若干个基本细胞单位构成,每个基本细胞单位均由 12 个五边形和 2 个六边形组成。为此,设计师使用 Bentley Structural 和 MicroStation TriForma 制作了一个 3D 的细胞阵列,然后为建筑物制作造型。其余元件的切削表面形成混合式结构的凸源,而内部元件则形成网状,在 3D 空间中一直重复,没有留下任何闲置空间。

图 5-8　"水立方"的建筑结构——空间梁架

由于设计师们在"水立方"项目中大量使用了 BIM 的参数化设计技术,在较短时间内完成如此复杂的几何图形设计,因此赢得了 2005 年美国建筑师学会(AIA)颁发的"建筑信息模型奖"。

**3. 参数化设计的应用**

采用参数化设计方法也是 Revit 软件的一个重要特点,它体现在两个方面:参数化建筑图元和参数化修改引擎。

(1)参数化建筑图元

参数化建筑图元是 Revit 软件的核心。如图 5-9 所示为 Revit 中的图元结构。所谓参数化建筑图元,实际上是由系统为用户预先提供的一些可以直接调用的建筑构件,如图 5-9 中的墙、屋顶、门窗、楼梯等。设计师在创建项目时,需要添加相应的参数化建筑图元,并通过对其参数的调整而控制建筑构件的几何尺寸、材质等信息。

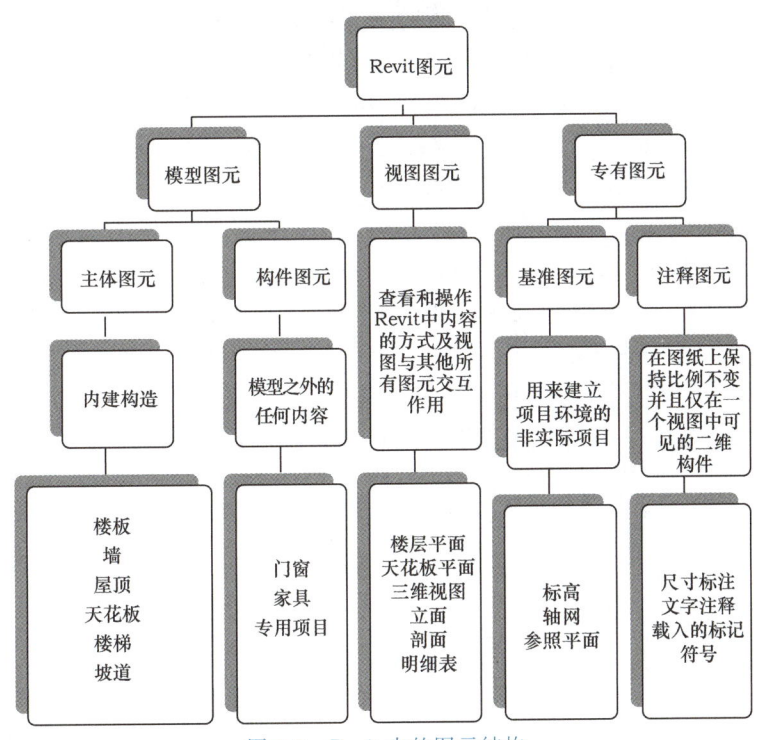

图 5-9 Revit 中的图元结构

(2) 参数化修改引擎

参数化修改引擎提供了参数更改技术,可使设计师对建筑设计或文档部分做出的改动自动在其他相关联的部分及时反映出来,大大提高了工作效率、协同效率和工作质量。Revit 软件采用智能建筑构件、视图和注释符号,使每一个构件都通过一个变更传播引擎互相关联。软件中构件的移动、删除和尺寸的改动所引起的参数变化会引起相关构件的参数产生关联变化,任一视图下所发生的变更都能参数化、双向地传播到所有视图,以保证所有图纸的一致性,而不需要逐一对所有视图进行修改。

## 5.2.2 协同设计

随着经济全球化进程的加速发展,跨国家、跨地区、跨行业的联盟型虚拟设计机构应运而生,许多建筑产品的设计、施工和管理需要由分布在世界各地的不同人员协同完成,由此,一种新兴的工作方式出现了,这就是协同设计。

协同设计是网络环境下 BIM 系统的关键技术之一。协同设计亦称计算机支持协同设计(Computer Supported Cooperative Design,CSCD),是指在计算机支持的共享环境里,由一群设计师、工程师协同努力,共同完成某个工程项目的一种新的工作方式,其本质为:共同任务;共享环境、通信、合作和协调。

而基于 BIM 的协同设计是指不同专业人员使用各自的 BIM 核心建模软件,在客户端建立与自己专业相关的 BIM 模型,并与服务器端唯一的中心文件链接,保持本地数据的修改和更新,并在与中心文件同步后,将新创建或修改的信息自动添加到中心文件。

工作共享是 Revit 软件的一种协同设计方法,此方法允许多名项目组成员同时处理同一个项目模型。它的主要功能是可以让项目组每位成员能同时对中心模型的本地副本进行修改。图中的工作集是指项目中墙、门、楼板、楼梯等建筑构件的集合,它具有在设计师之间传递和协调修改的功能。该功能类似于 AutoCAD 软件中的 XREF(外部参照),但比其复杂和强大许多。

在 Revit 创建的项目中,不同的设计师可以通过建立各自的工作集(这些工作集互不重叠)在同一个模型中同时工作,他们可以随时在工作集中签入或签出构件或工作集,并同时参与协同设计的最新变化,而其他设计师则可以随时查看这些签出的构件或工作集,但不可以修改,这个过程就像在图书馆中借还书籍一样。通过工作集可以使设计师们的工作既有分工又完全协调,大大提高了设计效率,同时还能保证设计质量。

Revit 中处理团队项目的工作流程如图 5-10 所示。

启动工作集 ⇒ 创建中心文件 ⇒ 创建本地文件 ⇒ 设置工作集 ⇒ 编辑工作集

图 5-10　Revit 中处理团队项目的工作流程

### 5.2.3　碰撞检查

在传统二维设计中,一直存在一个难题,就是设计师难以对各个专业所设计的内容进行整合检查,从而导致各专业在绘图上发生碰撞及冲突,影响工程的施工。基于 BIM 的碰撞检测技术很好地解决了这个难题。

所谓碰撞检测,是指在计算机中提前预警工程项目中不同专业(包括结构、暖通、消防、给水排水、电气桥架等)空间上的碰撞冲突。在设计阶段,设计师通过基于 BIM 技术的软件系统,对建筑物进行可视化模拟展示,提前发现上述冲突,可为协调、优化处理提供依据,大大减少施工阶段可能存在的返工风险。

碰撞检测技术的使用范围可包括:

(1)深化设计阶段

在该阶段,利用 BIM 的碰撞检测技术,设计师可结合施工现场的实际情况和施工工艺进行模拟,对设计方案进行完善。

(2)施工方案调整

设计师将碰撞检测结果的可视化模拟展示给甲方、监理方和分包方,在综合各方意见的基础上进行相关方案的调整。

在 Revit 软件中,可以进行碰撞检测的图元包括:结构大梁和檩条,结构柱和建筑柱,结构支撑和墙,结构支撑、门和窗,屋顶和楼板,专用设备和楼板以及当前模型中的链接 Revit 模型和图元等。其工作流程如图 5-11 所示。

图 5-11 碰撞检测的工作流程

进行构件间碰撞检测和质量控制，必须先链接其他专业模型，然后再使用碰撞检测功能命令，如图 5-12 所示。

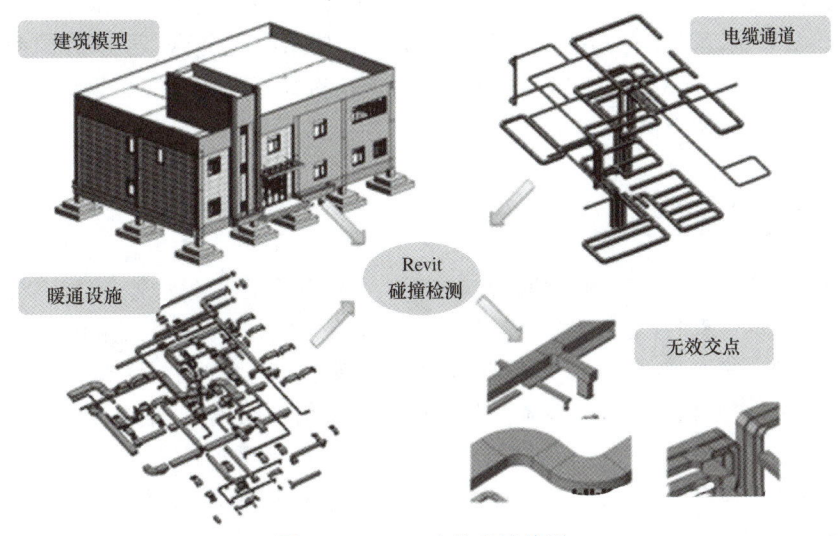

图 5-12 Revit 中的碰撞检测

使用 Revit 中的"链接模型"和"碰撞检测"，可以找出项目模型里类型图之间的无效交点，方便设计师们在设计过程中及时发现各专业配合产生的结构碰撞或遗漏现象，并降低建筑变更及成本超限的风险。但由于 Revit 中的三维全景漫游，对机器的配置要求会非常高，因此该方法对于大型建筑项目的展示效果不够理想。通常，设计师们会选用更为专业的其他软件进行碰撞检测。

Autodesk 公司的 Navisworks 软件是一款基于 Revit 平台的第三方设计软件，适用于在各种建筑设计中进行更为直观的 3D 漫游、模型合并、碰撞检测，帮助设计师及其扩展团队，加强对项目的控制，提高工作效率，保证工程质量。

与 Revit 相比较，Navisworks 的碰撞检测功能更为强大。即使在非常复杂的项目中，该软件也能够将 AutoCAD 和 Revit 等系列应用软件创建的设计数据，与来自其他设计工具的几何图形和信息相结合，将其作为整体的三维项目，不仅能通过多种文件格式进行实时审阅，并且不需要考虑文件的大小。

与其他相似软件相比，Navisworks 还有以下几个重要的特点：

(1) Navisworks 不仅能像其他软件（例如 Revit 软件等）检查硬碰撞，还能检查间隙碰撞和软碰撞。所谓硬碰撞，是指场景中的不同部分之间发生的实实在在的交叉、冲突；而间隙碰撞是指两构件间并未发生实际的交叉、冲突，但由于它们之间的间距小于规定值而不满足碰撞检测的要求。例如，建筑物内部有两根管道并排架设，考虑到后期需要安装保温、隔热材料等，两管道间必须留有足够的间隙，过小的间隙会使得安装无法进行。这个允许的间隙值称为公差,在 Navisworks 的使用中,可在碰撞检查前进行设置。软碰撞则是指虽然两构件间产生了直接交叉和碰撞,但是这种交叉和碰撞在一定范围内是允许的,这个允许的交叉范围也称为公差。

(2)为了碰撞检查的准确性,应合理选择公差值。在间隙碰撞和软碰撞时,公差是指两构件相离或相交的程度。例如:柱子 A 与风管 B 相交 0.6 m,如果公差值设置为 0.5 m,该碰撞存在;若公差值设置为 1.0 m,那么在 Navisworks 中就检测不到该碰撞点。所以,为了提高碰撞检测的精度,公差值的设置应小于两构件相离或相交的距离。

(3)Navisworks 中的碰撞名称必须为英文。若使用中文名称,导出报告时将无法显示图片内容;导出报告应采用 HTMIL 格式,因为该格式不仅能报告碰撞的位置,还能够导出碰撞位置的截图等内容,非常直观。

### 5.2.4 工程量和成本估算

工程量计算是编制工程预算的基础,该项工作由造价工程师完成。长期以来,造价工程师在进行成本计算时,常采用将图纸导入工程量计算软件中计算,或采用直接手工计算工程量这两种方式。其中,前者需要工程师将图纸重新输入算量软件,容易产生额外的人为错误;而后者需要耗费造价工程师大量的时间和精力。因此,无论是哪种方式,由于设计阶段的设计信息无法快速准确地被造价工程师调用,因此他们没有足够的时间来精确计算和了解造价信息,从而容易导致成本估算的准确率不高(据统计,工程预算超支现象十分普遍)。

BIM 模型是一个面向对象的、包含丰富数据且具有参数化和智能化特点的建筑物数字化模型,其中的建筑构件模型不仅带有大量的几何数据信息,同时也带有许多可运算的物理数据信息。借助这些信息,计算机可以自动识别模型中的不同构件,并根据模型内嵌的几何和物理信息对各种构件的数量进行统计。再加上 BIM 技术对于大数据的处理及分析能力,近年来,基于 BIM 平台的工程量计算和成本估算技术已成为趋势。

与传统做法相比,基于 BIM 的自动化算量方法有如下优点:

(1)大大降低概预算人员的工作强度

基于 BIM 的自动化算量方法可以将大量的统计、计算工作交由系统完成,从而将造价工程师们从烦琐的劳动中解放出来,为他们节省更多的时间和精力用于其他更有价值的工作(如询价、风险评估等)。

(2)工程量估算的精度与稳定性高

基于 BIM 的自动化算量方法比传统的计算方法更加准确。工程量计算是编制工程预算的基础,但计算过程非常烦琐,人工计算时很容易产生计算错误,影响后续计算的准确性。BIM 的自动化算量功能可以使工程量计算工作摆脱人为因素影响,从而得到更加客观的数据。

(3)便于设计前期的成本控制

传统的工程量计算方式往往耗时太多,因此,无法将设计对成本的影响及时反馈给设计师。而基于 BIM 的自动化算量方法则可以更快地计算工程量,并及时地将设计方案的成本反馈给设计师,这样做,有利于设计师们在设计的前期阶段对成本进行有效控制。

(4) 更好地应对设计变更

传统的成本核算方法中一旦发生设计变更,造价工程师需要手动检查设计变更,找出对成本的影响。这样不仅速度慢,而且可靠性不强。BIM 软件与成本计算软件的集成,将成本与空间数据进行了一致关联,自动检测哪些内容发生变更并直观地显示变更结果,将结果反馈给设计人员,使他们能清楚地了解设计方案的变化对成本的影响。

## 5.3 BIM 在施工阶段的应用

### 5.3.1 建筑施工场地布置

建设工程项目施工准备阶段,施工单位需要编写施工组织设计。施工组织设计主要包括工程概况施工部署及施工方案、施工进度计划、施工平面布置图和主要技术经济指标等内容。

其中施工场地布置是项目施工的前提,合理的布置方案能够在项目之初从源头减少安全隐患,方便后续施工管理,降低成本,提高项目效益。近年中国建筑统计年鉴数据表明,建筑单位的利润仅占建筑成本的 3%～4%,如果能够从场地布置入手,不仅能给施工单位带来直观的经济效益,同时能够加快进度,最终达到施工方与其他参与各方共赢的结果。随着我国经济的不断发展,各种新技术新工艺等不断涌现,建设项目规模不断扩大,形式日益复杂,对施工项目管理的水平也提出了更高的要求,所以施工场地布置迫切需要得到重视。

**1. 场地布置综述**

施工平面布置图是施工方案及施工进度计划在空间上的全面安排。它把投入的各种资源、材料、构件、机械、道路、水电供应网络、生产及生活活动场地、各种临时工程设施合理地布置在施工现场,使整个现场有组织地进行文明施工。

(1) 场地布置原则

① 保证施工现场交通畅通,运输方便,减少全部工程的运输量。

② 大宗建筑材料、半成品、重型设备和构件的卸车储存,应尽可能靠近使用安装地点,减少二次运输。

③ 尽量提前修好可以加以利用的正式工程、正式道路、铁路和管线,为施工建设服务。

④ 根据投产或使用先后次序,错开各单位工程开工、竣工时间,尽量避免施工高峰;避免多个工种在同一场地、同一地区、同一区域而相互牵制、相互干扰。

⑤ 重复使用场地,节约施工用地,减少临时道路、管线工程量,节省临时建设的资金。

⑥ 符合有关劳动保护、安全生产、防火、防污染等条例的规定和要求。

⑦ 慎重选择工人临时住所,应尽可能和施工现场隔开,但要注意距离适当,减少工人上下班途中往返时间,避免无谓的体力消耗。

(2)场地布置要点

①起重设施布置

井架、门架等固定垂直运输设备的布置,要结合建筑物的平面形状、高度、材料及构架的质量,考虑机械的负荷能力和服务范围,做到便于运输、缩短运距。

塔式起重机的布置要结合建筑物的形状及四周场地情况进行布置。起重高度、幅度及质量要满足要求,使材料和构件可达建筑物的任何使用地点。

履带式和轮胎式起重机的行驶路线要考虑吊装顺序、构件质量、建筑物的平面形状、高度、堆放场的位置以及吊装的方法等。

②搅拌站、加工厂、仓库、材料、构件堆场的布置

搅拌站、加工厂、仓库、材料、构件堆场要尽量靠近使用地点或在起重机起重能力范围内,运输、装卸要方便。

搅拌站要与砂、石堆场及水泥库一起考虑,既要靠近,又要便于大宗材料的运输装卸。木料棚、钢筋棚和水电加工棚可离建筑物稍远。

仓库、堆场的布置,应进行计算,能适应各个施工阶段的需要。按照材料使用的先后,同一场地可以提供多种材料或构件的堆放。易燃、易爆品的仓库位置,必须遵循防火、防爆安全距离的要求。

构件质量大的要在起重机臂下,构件质量小的可离起重机稍远。

③运输道路的布置

应按材料和构件运输的需求,沿着仓库和堆场进行布置,使之畅通无阻。宽度要符合规定,单行道大于 3.0~3.5 m,双行道应大于 5.5~6.0 m。路基要经过设计,拐弯半径要满足运输要求,要结合地形在道路两侧设排水沟。总的来说,现场应尽量设环形路,在易燃品附近也要设置进出容易的道路。

④行政管理、文化、生活、福利等临时的布置

应使用方便,不妨碍施工,符合防火、安全的要求,一般建在工地出入口附近,尽量利用已有设施或正式工程,必须修建时要经过计算确定面积。

⑤供水设施的布置

临时供水首先要经过计算、设计,然后进行设置。高层级建筑施工用水要设置蓄水池和加压泵,以满足高处用水要求。管线布置应使线路总长度小,消防管和生产、生活用水管可以合并设置。

⑥临时供电设施的布置

临时供电设计,包括用电量计算、电源选择、电力系统选择和配置。变压器离地应大于 30 cm,在 2 m 以外的四周用高度高于 1.7 m 的铁丝网围住以保证安全,但不要布置在交通要道口处。

(3)传统场地布置方法存在的问题

目前,大多数工程项目都是以二维施工平面布置图的形式展示施工场地布置。但是随着项目复杂程度的增加,这种方式存在由于设计规范考虑不周全带来的绘制慢、不直观、调整多、空间规划不合理、利用率低等问题。主要体现在:

①汇报或者做技术交底时,表达不直观。

②施工平面布置图是技术必须包含的内容,二维平面布置图投标无亮点。

③施工现场布置图应随施工进度推进呈现动态变化,然而传统的场地布置方法没有紧密结合施工现场动态变化的需求,尤其是对施工过程中可能产生的安全冲突问题考虑欠缺。

④二维设计条件下,要实现对场地进行不同布置方案设计,需要进行大量的做图工作,费时费力,导致施工单位不愿意进行多方案比选。

相比而言,BIM 三维场地布置可以有效解决以上问题。通过 BIM 软件布置出三维模型,可以为施工前期的场地布置提供有效的方案选择,大大提高施工场地的利用率,包括板房、围墙、大门、加工棚,以及提前在建模端建立完成的工程三维模型等。

**2.BIM 三维场地布置应用**

目前市场上存在多款可以有效进行施工场地布置的 BIM 软件,见表 5-2。

表 5-2　　　　目前常用的 BIM 三维场地布置软件及主要应用阶段

| 软件工具 | | 专业功能 | 设计阶段 | | | 施工阶段 | | | | 运维阶段 | | |
|---|---|---|---|---|---|---|---|---|---|---|---|---|
| 公司 | 软件 | | 方案设计 | 初步设计 | 施工图 | 施工投标 | 施工组织 | 深化设计 | 项目管理 | 设备维护 | 空间管理 | 设备应急 |
| Autodesk | Civil 3D | 地形场地道路 | | | ▲ | ▲ | ▲ | ▲ | | | | |
| Autodesk | Navisworks | 场地布置 | | | ▲ | ▲ | ▲ | ▲ | | | | |
| 深圳市清华斯维尔软件科技有限公司 | 4D 施工软件 | 4D施工场地管理 | | | ▲ | ▲ | ▲ | | | | | |
| 上海鲁班软件股份有限公司 | 鲁班施工软件 | 场地布置 | | | ▲ | ▲ | ▲ | | ▲ | | | |
| 广联达科技股份有限公司 | BIM 施工现场布置软件 | 场地布置 | | | ▲ | ▲ | ▲ | ▲ | ▲ | | | |

以上软件各具特色,施工单位可以根据具体工程需要进行选择。BIM 三维场地布置软件具有以下特点:

(1)软件内含丰富的施工常用图例模块,如地形图、地坪道路、围墙大门、临时用房、运输设施、脚手架、吊塔、临时设备等,输入构件的相关参数后,鼠标拖曳即可完成布置、绘制成图,帮助工程技术人员快速、准确、美观地绘制施工现场平面布置图,并计算出工程量,对前期的措施计算、材料采购、结算提供依据,避免利润流失。

(2)可以模拟脚手架排布、砌块排布,输出排列详图。BIM 场地布置软件可以模拟脚手架排布、砌块排布,指导现场实际施工。

(3)基于 BIM 三维模型及搭建的各种临时设施,可以对施工场地进行布置,合理安排塔吊、库房、加工场地和生活区等位置,解决现场施工场地划分问题;通过与业主的可视化沟通协调,对施工场地进行优化,选择最优施工路线;通过软件进行三维多角度审视,设置漫游路线,避免表达不直观问题,并输出平面布置图、施工详图、三维效果图。

(4)运用 BIM 快速建模和 IFC 标准数据下的信息共享特点,能够达到一次建模、多次使用,快速进行不同阶段的场地布局方案设计,大量节省时间、精力等,为进行施工全过程考量提供可能。解决在二维设计的条件下,因实现场地布置方案设计费时费力而导致施工单位不愿意进行多方案比选的问题。

(5)软件内设置消防和安全文明施工、绿色施工、环卫标准等规范,并嵌入丰富的现场经验,为使用者提供更多的参考依据。如依据安全施工检查标准,通过对施工场地平面布置内容进行识别,将此数据库和 BIM 场地布置软件相结合,进行合理性检查。

### 5.3.2 施工进度管理

**1.施工进度管理概述**

施工进度管理是指全面分析工程项目的目标,各项工作内容、工作程序、持续时间和逻辑关系,力求拟定具体可行、经济合理的计划,并在计划实施过程中,通过采取各种有效的组织、指挥、协调和控制等措施,确保预定进度目标实现。在一般情况下,施工进度管理的主要内容包括进度计划和进度控制两大部分。施工进度计划的主要方式是依据工程项目的目标,结合工程所处的特定环境,通过工程分解、作业时间估计和工序逻辑关系建立第一系列步骤,形成符合工程目标要求和实际约束的工程项目计划方案。施工进度控制的主要方法是通过收集进度实际进展情况,与基准进度计划进行比较分析、发现偏差并及时采取应对措施,确保工程项目总体目标的实现。

施工进度管理属于工程项目进度管理的一部分,是指根据施工合同规定的工期等要求编制工程项目施工进度计划,并以此作为管理的依据,对施工的全过程持续检查、对比、分析,及时发现施工过程中出现的偏差,有针对性地采取应对措施,调整工程建设施工作业安排,排除干扰,保证工期目标实现的全部活动。

**2.BIM 进度管理实施途径和实施框架**

根据项目的特点和 BIM 软件所能提供的应用,明确项目过程中 BIM 实施的途径和框架。基于 BIM 的进度管理实施途径如图 5-13 所示。

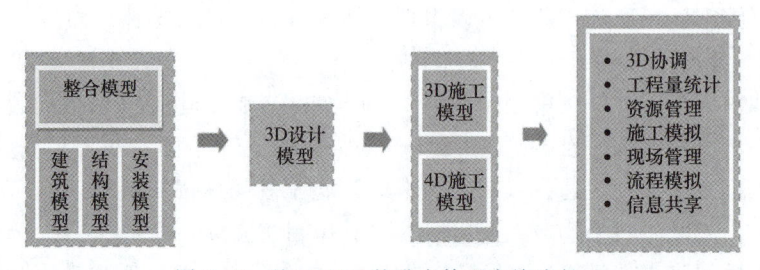

图 5-13 基于 BIM 的进度管理实施途径

在项目建设中,影响施工进度的因素众多,如工人的工作效率、管理水平、图纸问题、施工质量等。通过引入 BIM 技术,利用 BIM 可视化、参数化等特点来降低各项负面因素对施工进度的影响(图 5-14)。一方面可提升进度管理水平和现场的工作效率,另一方面可以最大限度地避免进度拖延事件的发生,减少工程延误造成的损失。因此,在项目实施之前,需要规划 BIM 施工进度管理的实施框架,明确 BIM 在施工进度管理方面的应用。

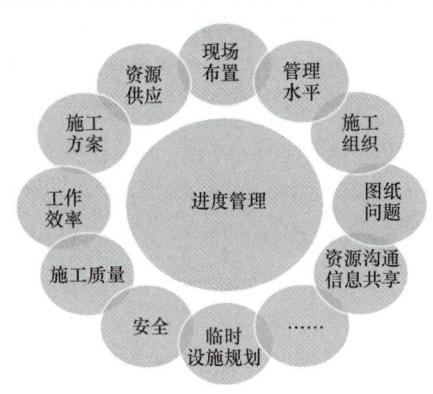

图 5-14 施工进度管理影响因素分析

BIM 施工进度管理实施框架包括 BIM 项目实施和应用两部分内容。BIM 实施框架从 BIM 规划、组织、实施流程及基础保障等方面规范了各方面的工作内容及需要达到的目标。BIM 应用框架主要是明确 BIM 在施工进度管理领域的应用点,根据应用点设计 BIM 进度管理流程,确定实现方法和实施程序,同时定义 BIM 信息交换要求,明确支持 BIM 实施的基础设施。

**3. BIM 进度管理实施流程及方法**

基于 BIM 的工程项目施工进度管理是指施工单位以建设单位要求的工程为目标,进行工程分解、计划编制、跟踪记录、分析纠偏等工作。同时项目的所有参与方都能在 BIM 提供的统一平台上协同工作,进行工程项目施工进度计划的编制与控制。基于 BIM 的 4D 施工模拟能够直观地表现工程项目的时序变化情况,使管理人员摆脱对复杂抽象的图形、表格和文字等二维元素的依赖,有利于各阶段、各专业相关人员的沟通和交流,减少建设项目因为信息过载或流失而带来的损失,提高建筑从业人员的工作效率及整个建筑业的效率。

(1)基于 BIM 的进度计划编制

传统的进度管理对施工现场准备工作缺少重视,绝大多数计划中并没有详细分解施工准备所包含的工作,在多数情况下只规定了总的准备时间。由于这部分进度计划较为粗略,并不能达到控制的要求,而这些工作实际影响着工程是否能够按时开工、按期竣工,对工程进度能否按照计划完成有着重要影响,并且合理地缩短施工现场准备时间,也能为施工现场带来一定的经济效益。在施工过程中,为了完成工程实体的建设,除了进行一些实体工作,还需要很多非实体工作。非实体工作是指在施工过程中不形成工程实体,但是在施工过程中又是必不可少的工作,如施工现场的准备、大型机械安拆、脚手架搭拆等临时性、措施性工作。

基于 BIM 的进度计划编制,并不是完全摆脱传统的进度编制程序和方法,而是研究如何把 BIM 技术应用到进度计划编制工作中,进而改善传统的进度计划编制和工作,更好地为进度计划编制人员服务。传统的进度计划编制工作流程主要包括工作分解结构的建立、工程的估算以及工作逻辑关系的安排。一方面,基于 BIM 的进度计划编制工作应该包括这些内容,只是有些工作由于有了 BIM 技术及相关软件的辅助变得相对容易;另一方面,新技术的应用也会给原有的工作流程和工作内容带来变革。基于 BIM 的制订进度计划的第一步就是建立 WBS,分解完成后需要将 WBS 进度作业、资源等信息与 BIM 模型图元信息进行链接,其中关键的环节是数据的集成。BIM 技术的应用使得进度计划的编制更加科学合理,并可以减少进度计划中存在的潜在问题,保证现场施工的合理安排。

(2)基于 BIM 的进度计划优化

基于 BIM 的进度计划优化包括两方面内容:一是在传统优化方法基础上结合 BIM 技术对进度计划进行优化;二是应用 BIM 技术进行虚拟建造、施工方案比选、临时设施规划。利用 BIM 优化进度计划不仅可以实现对进度计划的直接或者间接深度优化,而且还能找出施工过程中可能存在的问题,保证优化后进度计划能够有效实施。

(3)基于 BIM 的施工进度控制

传统的进度控制方法主要是利用收集到的进度数据进行计算,并以二维的形式展示计算结果。在需要对原来的进度计划进行调整时,也只能根据进度数据及工程经验进行调整,重新安排相关工作,采取相应的进度控制措施;而对于调整后的进度计划在实施过程中是否存在其他的问题无法提前知晓,只有遇到具体问题时再进行管理控制。而利用 BIM 技术则可以对调整后的进度计划进行可视化的模拟,分析调整方案是否合理。基于 BIM 的进度控制,可以结合传统的进度控制方法,以 BIM 技术特有的可视化动态模拟分析的优势,对工程进度进行全方位精细化的控制,是进度控制技术的革新。

基于 BIM 的进度跟踪分析控制可以实现实时分析、参数化表达以及协同控制。基于 BIM 的 4D 施工进度跟踪与控制系统,可以在整个建筑项目实施过程中利用进度管理信息平台实现异地办公和信息共享,将决策信息的传递次数降到最低,保证施工管理人员所做的决定能立即执行,提高现场施工效率。

基于 BIM 的施工进度跟踪分析与控制主要包括两方面工作:

①项目施工前在施工现场和项目管理办公场所建立一个可以即时互动交流沟通的进度信息采集平台,该平台主要支持现场监控、实时记录、动态更新实际进度等进度信息的采集工作。

②利用该进度信息采集平台提供的数据和 BIM 施工进度计划模型进行跟踪分析与调整控制。

### 5.3.3 施工质量安全管理

**1.施工质量安全管理概述**

在施工过程中,建筑工程项目受不可控因素影响较多,容易产生质量安全问题,施工过程中的质量安全控制尤为重要。BIM 技术在工程项目质量安全管理中的应用目标可以细分如下三个等级(表 5-3):1 级目标为较成熟也较易于实现的 BIM 应用;2 级目标涉及的应用内容较多,需要多种 BIM 软件相互配合来实现;3 级目标需要较大的软件投入(涉及 BIM 技术的二次开发过程)和硬件投入,需要较深入的研究和探索才能实现。

表 5-3　　　　　　BIM 技术在工程项目质量安全管理中的应用目标

| 目标 | 名称 | 内容 |
|---|---|---|
| 1级目标 | 图纸会审管理 | 采用 BIM 技术进行图纸会审,把图纸中的问题在施工开始前就发现,提升图纸会审工作的质量和效率 |
| | 专项施工方案的模拟以及优化管理 | 采用 BIM 技术对专项施工方案进行模拟,将各项施工步骤和施工工序之间的逻辑关系直观地展示,同时再配合简单的文字表述<br>在降低技术人员和施工人员理解难度的同时,进一步确保专项施工方案的可实施性 |
| | 三维和四维技术交底管理 | 将运用 BIM 技术建立的模型转换为可三维浏览的文件,并结合文字说明、图片等内容,最终形成可视化 PDF 文件,以保证在施工中全面可视化交底,从而大大提高施工效率和质量 |
| | 碰撞检测及深化设计管理 | 基于施工图 BIM 模型,进行各专业内部和各专业之间的碰撞检测及深化设计,在提升深化设计工作的质量和效率的同时,确保深化设计结果的可实施性 |
| | 危险的辨识及管理 | 将施工现场所有的生产要素都绘制在 BIM 模型中,在此基础上,采用 BIM 技术对施工过程中的危险源进行辨识和评价 |
| | 安全策划管理 | 采用 BIM 技术,对需要进行安全防护的区域进行精确定位,事先编制出相应的安全策划方案 |
| 2级目标 | 竣工 BIM 的建模及管理 | 依据工程项目建造工程中的变更信息、进度信息和造价信息,对施工 BIM 模型进行补充和完善,形成信息完备能够反映工程项目最终状态的竣工 BIM 模型 |
| | RFID 技术应用 | 采用 BIM 技术和 RFID 技术,实现重点工程和隐蔽工程的质量管理 |
| | 预制装配式建筑的施工管理 | 实现 BIM 环境下的预制装配式建筑的质量管理 |
| 3级目标 | 采用 BIM 技术的三维激光扫描技术的质量管理 | 将 BIM 技术和三维激光扫描技术相结合,实施施工图信息和施工现场实测实量信息的比对和分析 |

**2.施工质量安全管理的 BIM 模型构成**

(1)建模依据

①依据图纸和文件进行建模

用于质量安全建模的图纸和文件包括:图纸和设计类文件、总体进度规划文件、当地的规范和标准类文件(其他的特定要求)、专项施工方案、技术交底方案、设计交底方案、危险源辨识计划、施工安全策划书。

②依据变更文件进行建模(模型更新)

用于质量安全建模的变更文件包括:设计变更通知单和变更图纸、当地的规范和标准类文件,以及其他的特定要求。

(2) 质量管理数据输入要求,从上游获取的质量管理数据见表5-4。

表5-4　　　　　　　　　　从上游获取的质量管理数据

| 数据类别 | 数据名称 | 数据格式 |
| --- | --- | --- |
| 施工准备阶段的数据 | 各参与单位的资质资料 | 文本和图像 |
| | 各参与单位的项目负责人资料 | |
| | 地质勘查报告 | |
| | 设计图纸 | |
| 施工依据数据 | 设计图纸 | 文本 |
| | 深化设计图纸 | |
| | 设计变更图纸 | |
| | BIM数据 | 格式化的数据 |
| 施工计划数据 | 施工进度计划 | 格式化的数据 |
| | 材料进场计划 | |
| | 资金使用计划 | |

(3) 安全管理数据输入要求

从上游获取的安全管理数据见表5-5。

表5-5　　　　　　　　　　从上游获取的安全管理数据

| 数据类别 | 数据名称 | 数据格式 |
| --- | --- | --- |
| 建筑物的信息 | 工程概况和建筑材料种类 | 文本 |
| 施工组织资料 | 施工组织设计 | 文本 |
| | 施工平面布置图 | |
| | 施工机械的种类 | 格式化的数据 |
| | 施工进度计划 | |
| | 劳动力组织计划 | |
| 施工技术资料 | 施工方案和技术交流 | 文本 |
| BIM数据 | BIM数据 | 格式化的数据 |

(4) 质量安全管理 BIM 模型的主要内容

质量安全管理所涉及的 BIM 模型的模型细度主要集中在施工阶段,具体见表5-6。

表5-6　　　　　　　　　　质量安全管理 BIM 模型的主要内容

| 模型名称 | 模型内容 | 模型信息 | 备注 |
| --- | --- | --- | --- |
| 洞口防护模型<br>临边防护模型 | 基坑临边防护、楼层周边防护、楼层临边防护、楼梯洞口防护、后浇带防护、电梯入口防护 | 几何尺寸、材质、产品信息、空间位置 | 面向洞口防护、临边防护布置 |

(续表)

| 模型名称 | 模型内容 | 模型信息 | 备注 |
|---|---|---|---|
| 楼层平面防护模型 | 基坑临边防护、楼梯临边防护、楼梯洞口防护、后浇带防护、电梯井水平防护 | 几何尺寸、材质、产品信息、空间位置 | 面向楼层平面防护布置 |
| 垂直防护模型 | 水平安全网、外挑防护网 | 几何尺寸、材质、产品信息、空间位置 | 面向垂直防护布置 |
| 安全通道平面布置模型 | 上下基坑通道、施工安全通道、外架斜道 | 几何尺寸、材质、产品信息、空间位置 | 面向安全通道平面布置 |
| 脚手架防护 | 脚手架、脚手板、扣件、剪刀撑、扫地杆、密目网 | 几何尺寸、材质、产品信息、空间位置 | 面向脚手架布置 |
| 施工机械安全管理模型 | 施工电梯、起重设备、中小型机械、塔吊 | 几何尺寸、材质、产品信息、空间位置 | 面向施工机械安全管理布置 |
| 临时用电安全模型 | 配电室 | 几何尺寸、材质、产品信息、空间位置 | 面向临时用电安全管理 |
| 消防疏散分区模型 | 消防疏散分区 | 几何尺寸、材质、产品信息、空间位置 | 面向消防疏散分区管理 |
| CI管理模型 | 施工现场大门、施工现场标语、活动房CI | 几何尺寸、材质、产品信息、空间位置 | 面向CI管理 |

**3.质量安全管理的典型BIM应用**

(1)图纸会审管理BIM应用

在质量管理工作中,图纸会审是最为常用的一种施工质量预控手段。图纸会审是指:施工方在收到施工图设计文件后,在进行设计交底前,对施工图设计文件进行全面而细致的熟悉和审核工作。图纸会审的基本目的是:将图纸中可能引发质量问题的设计错误、设计问题在施工开始前就发觉,以便及时进行变更和优化,确保工程项目的施工质量。

BIM模型的虚拟建造过程将原本在施工过程中才能够发觉的图纸问题,在建模过程中就能够得以暴露,可以显著提升图纸会审工作的质量和效率。同时,采用BIM技术,建模过程中结合技术人员、施工人员的施工经验,可以很容易发现施工难度大的区域,在提前做好相应的策划工作的同时,彻底改变传统工作模式下"干到哪里看哪里"的弊端。在BIM模型完成后,借助碰撞检测和虚拟漫游功能,工程项目的各参与方可以对工程项目中不符合规范要求、在空间中存在的错漏碰缺问题以及设计不合理的区域进行整体的审核、协商、变更。在提升图纸会审工作的质量和效率的同时,显著降低了各参与方之间的沟通难度。

(2)专项施工方案模拟及优化管理BIM应用

现代工程项目在施工过程中涉及大量的新材料和新工艺。这些新材料和新工艺的施工步骤、施工工序往往不为技术人员、施工人员所熟知。传统工作模式下,大多依据一系列二维图纸(平、立、剖面图)结合文字进行专项施工方案的编制,增加了技术人员、施工人员对新材料和新工艺的理解难度。

基于BIM技术对专项施工方案进行模拟,可以将各项施工步骤、施工工序之间的逻辑关系直观地加以展示,同时再配合简单的文字描述。这在降低技术人员、施工人员理解难度的同时,能够进一步确保专项施工方案的可实施性。

传统工作模式与BIM工作模式下专项施工方案模拟及优化工作的对比见表5-7。

表5-7　传统工作模式与BIM工作模式下专项施工方案模拟及优化工作的对比

| 对比项 | 传统工作模式 | BIM工作模式 |
| --- | --- | --- |
| 信息的表达方式 | 一系列二维图纸+文字 | BIM模型+文字+施工模拟 |
| 理论依据 | 施工经验+规范 | 施工经验+规范+施工模拟 |
| 比选的难度 | 难度大且准确度有待论证,对技术人员和施工人员的专业水平要求高 | 计算机辅助比选,难度小,准确度高 |
| 保障措施 | 专项施工方案需依据施工现场情况进行调整 | 依据施工模拟进行专项施工方案的编制,针对性强,可实施性好 |
| 施工现场管理 | 难度大,需要其他专业配合 | 计算机环境下进行事先规划,能够确保施工现场管理有序 |

(3)3D和4D技术交底管理的BIM应用

技术交底可以使一线的技术人员、施工人员对工程项目的技术要求、质量要求、安全要求、施工方法等有一个细致的理解,便于科学的组织施工,避免技术质量事故的发生。传统工作模式下,大多依据一系列的二维图纸(平、立、剖面图)结合文字进行技术交底。同时,由于技术交底内容晦涩难懂,增加了技术人员、施工人员对技术交底内容的理解难度,造成技术交底不彻底,在施工过程中无法达到预期的效果。采用BIM技术进行技术交底,可以将各施工步骤、施工工序之间的逻辑关系、现场危险源等直观地加以展示,同时再配合简单的文字描述,这不仅降低了技术人员、施工人员的理解难度,而且也能够进一步确保技术交底的可实施性。

(4)竣工及验收管理的BIM应用

质量管理工作是整个工程项目管理工作中的重中之重。同传统工作模式相比,采用BIM技术质量管理的显著优势在于:可以对实际的施工过程进行模拟,并对施工过程中涉及的海量施工信息进行存储和管理。同时,BIM技术可以作为施工现场质量校核的依据。此外,将BIM技术同其他硬件系统相结合(如三维激光扫描仪),可以对施工现场进行实测实量分析,对潜在的质量问题进行及时的监控和解决。

**4.基于BIM的施工现场质量安全隐患的快速处置**

以BIM模型为基础,将RFID、移动设备等为施工现场实时信息采集的工具,两者信息整合分析对比,实现对施工现场质量安全隐患进行动态实时的管理和快速处置,主要包括两方面:一方面是人员、机械等的实时定位信息在BIM模型中的可视化,另一方面是相关建筑构件等属性状态的实时信息与BIM信息数据库中安全规则信息对比反馈,通过现场监控中心可以及时地对隐患信息有个直观的认识,及时发出警告并通知施工现场相关人员迅速进行处理，以达到减少或预防工程事故的发生。

施工现场质量安全隐患快速处置的相关人员包括项目经理、监理工程师、质检员、专职安全员以及施工作业人员，其职责分工见表5-8。

表5-8 系统涉及使用主体及相关职责分析

| 使用主体角色 | 主要职责描述 |
| --- | --- |
| 项目经理 | 统筹整个项目发展，安全管理第一负责人，质量安全管理方面负全面责任；总体领导与协调执行各项安全政策与措施，落实隐患整改；实行重大危险源动态监控，随时跟踪掌握危险源情况；强化重点部位专项整治，重点部位和重点环节要重点检查和治理；及时查看处理系统推送的资讯 |
| 监理工程师 | 加强提高自身质量安全管理素质；审查施工组织设计中专项施工方案安全技术措施等；监督施工单位对涉及结构安全的试块、试件以及有关材料按规定进行现场取样并送检；总监理工程师根据旁站监理方案安排监理人员在关键部位或关键工序施工过程中实施旁站监理，有针对性地进行检查，消除可能发生的质量安全隐患；进行巡视、旁站和平行检查时，发现质量安全隐患时，及时要求施工人员进行整改或停止施工，及时采集相关信息并推送至系统 |
| 质检员 | 负责落实三检制度（自检、互检、专检），对产品实行现场跟踪检查，对不符合质量要求的施工作业有权要求整改、停工，采集信息并做好完整准确的资料保存；负责工程各工序、隐蔽工程的施工过程、施工质量的图像资料记录保存上传；质量事故分析总结，参与制定纠正预防措施，负责检查执行 |
| 专职安全员 | 重点检查施工机械设备、危险部位防护工作；发现安全隐患及时提出整改措施；重大危险源管理方案重点跟踪监测；对工程发生的安全问题及时汇总分析，提出改进意见；协助调查、分析、处理工程事故，及时采集信息存储报备 |
| 施工作业人员 | 严格遵守操作规程、施工管理方案的要求作业；一旦发现事故隐患或不安全因素，及时汇报消息并采取措施整改；接收到警告提醒及时离开不安全区域并采取措施整改 |

施工现场质量安全隐患的快速处置主要涉及两类事件：一是对于施工现场质量安全隐患或事故信息的及时采集；二是工程事故信息通知警报。其中，基于信息采集末端的工程质量安全隐患排查与处理以及工程事故处理流程是在传统流程的基础上，增加了移动设备进行拍照或信息采集并上传到BIM数据库，在实现与BIM模型同步的数据收集同时，可以及时推选相关责任人，及时进行隐患处理；一旦发生事故，迅速发出警告提醒，确保事故处理的及时性。

### 5.3.4 成本管理

#### 1.施工成本管理概述

成本管理除施工相关信息外，更多的是付诸计算规则（工程量清单、定额、钢筋平法等）、材料、工程量、成本等成本类信息，因此BIM造价模型创建者和使用者需要掌握国家相关计量计价规范、施工规范等。成本管理 BIM 应用实施根据成本管理工作的性质和软件系统的设置分为计量功能、计价功能、核算功能、数据统计与分析功能、报表管理功能、BIM 平台协作功能,BIM 成本管理应用范围如下:

(1)计量

BIM 软件根据模型中构件的属性和设置的工程量计算规则,可快速计算选定构件或工程的工程量,形成工程量清单,对单位工程项目定额,人、材、机等资源指标输出,是成本管理基本功能。

(2)计价

目前有两种计价实现模式。一是将 BIM 模型与造价功能相关联,通过框图或对构件的选择快速计算工程造价;二是 BIM 软件内置造价功能,模型和造价相关联。计价模块也可对造价数据进行分类分析输出,同时根据造价信息反查到模型,及时发现成本管理中出现偏差的构件或工程。

(3)核算

随着工程进度将施工模型和相应成本资料进行实时核算,辅助完成进度款的申请、材料及其他供应商或分包商工程款的核算与审核,实现基于模型的过程成本计算,具备成本核算的功能。

(4)数据统计与分析

工程成本数据的实时更新和相关工程成本数据的整理归档,可作为 BIM 模型的数据库,实现企业和项目部信息的对称,并对合约模型、目标模型、施工模型等进行实时对比分析,及时发现成本管理存在的问题并纠偏,实现对成本的动态管理。

(5)报表管理

报表管理作为成本管理的辅助功能,一方面实现承包商工程进度款申报、工程变更单等书面材料的电子化编辑输出,一方面将成本静态及动态控制、成本分析数据等信息以报表的形式供项目部阅览和研究。

(6)BIM 平台协作

BIM 成本管理与 BIM 数据库相关联,实现对工程数据的快速调用、查阅和分析;对成本管理 BIM 应用功能综合应用,实现项目部和有关权限人员数据共享与协调工作,促进传统成本管理工作的信息化、自动化。

综上,BIM 各功能模块将 BIM 模型同 BIM 应用相关联,BIM 成本管理应用系统功能模块如图 5-15 所示。

**2.基于 BIM 的投标阶段成本管理**

投标阶段成本管理工作界面从投标决策开始,到签订合同结束,主要由施工企业层负责实施。基于 BIM 的成本管理在投标阶段主要有投标决策、投标策划、BIM 建模、模型分析、编制投标文件、投标、签订合同工作,其中 BIM 建模和模型分析为新增工作,投标策划、投标决策支持、编制投标文件及签订合同为 BIM 改善型工作。投标阶段的主要工作是编制投标文件,通过建立 BIM 模型可较好地辅助商务标与技术标的编制与优化。

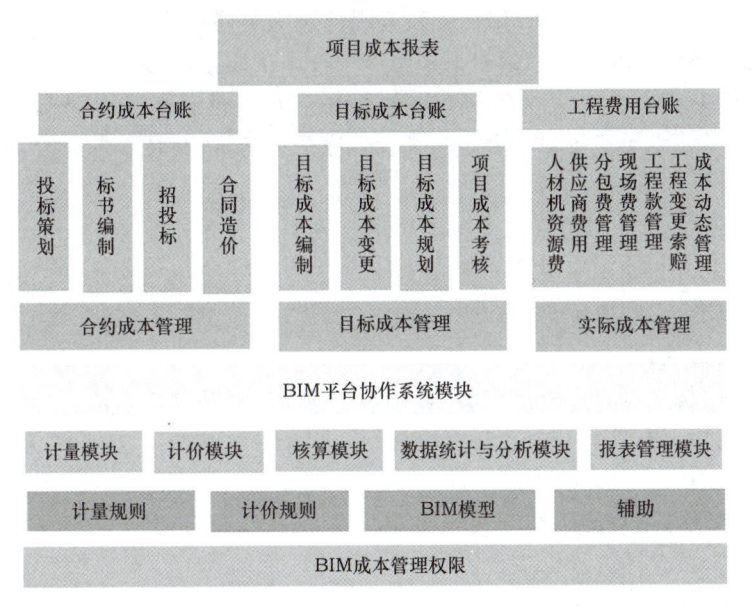

图 5-15　BIM 成本管理应用系统功能模块

(1) 模型创建

投标模型是承包商参与工程项目的第一个模型，也是后期模型转化的基础。投标模型的形成有两种途径：一是根据施工图纸由各专业工程师完成各专业建模，并由 BIM 工程师整合形成基础模型，然后造价工程师将其深化到自身需求的程度，同时对成本信息进行补充；二是由甲方模型进行转化并由 BIM 工程师审核后由造价工程师将其转化为初步投标模型，初步投标模型是后续模型的基础。由于目前施工仍以施工图为主导，各方建模习惯性思维导致模型的差异，因此目前采用第一种方式居多，而模型的转化方式和规则也会因为采用不同的软件而不同。通过各专业软件 BIM 模型的共享，土建、钢筋和安装不必重复建模，避免数据的重复录入，加强各专业的交流、协同和融合，提高建模效率，把节省的人力和时间投入投标文件的编制中。

(2) 编制商务标

BIM 模型通过项目基础数据库自动拆分和统计不同构件及部门所需数据，并自动分析各专业工程人、材、机数量，快速计算造价工程师所需各区域、各阶段的工程价款：一是说明各子项目在成本中的重要性比例；二是对暂估价以及不确定性的模拟优化可预测，为投标决策提供依据。BIM 模型中各构件可被赋予时间信息，结合 BIM 的自动化算量、计价功能以及 BIM 数据库中人、材、机等相关费率，管理者就可以拆分出任意时间段可能发生的费用。

综上，在工程计价方面，BIM 造价同传统造价的差异可总结为将基于表格的造价转变为基于模型构件的造价，将静态的价格数据转变为动态的市场价格数据，此种工作方式和工作思维的转变也成为动态管理和精细化管理的基础。

(3) 编制技术标

利用 BIM 软件将整合的模型和技术标项目的书面信息相关联，并将这些书面文件形象化展示。由于BIM模型较为形象,细致表现建筑物不同系统(结构、电气、暖通等)构件信息,可直接服务于建筑施工。通过碰撞检查、4D施工模拟、三维施工指导等方式说明工程存在的问题,对不同系统构件进行冲突分析、施工可行性分析、能耗分析等。通过信息化手段将自身的技术手段形象化展现于评标专家的面前,提高技术标分数,提升项目中标概率。

BIM投标模式的推广能够促进各承包商提高自身技术水平,改变传统低价中标、利润靠索赔的盈利方式。BIM软件对于技术标的主要BIM应用有项目可视化展示、碰撞检测、施工模拟、安全文明施工等。

(4)投标文件优化

投标文件的优化是在商务标编制和技术标编制后,将两者相联系:一是根据编制过程中的问题实施自身的报价策略;二是实现商务标和技术标的平衡,形成经济合理的项目报价。优化取决于信息、复杂程度和时间三个要素:BIM模型提供了建筑物几何、物理等准确信息;复杂程度即工程施工及方案的难度,时间是由于投标时间紧张,要在建设单位规定时间内完成有效合理的投标文件。

BIM应用对报价策略的实施:①BIM造价软件同基础BIM数据库关联,把投标项目同数据库类似项目对比,形成多个清单模型,实现成本对比分析,确定计价的策略和重点;②对在碰撞检测中统计的潜在错误及施工方案的风险,并综合考虑标准定额和企业定额,有针对性地进行投标报价策略的选择;③对成本中各专业、各工程子项目、各工程资源自动化、精细化对比分析,为不平衡报价提供帮助,预留项目利润,编制商务标;④通过技术标编制过程中存在的问题,优化施工方案、施工组织,尤其是对施工难度比较大和施工问题比较多的施工方案的优化,改进工期和造价,并在施工模拟过程中统计可通过管理降低的工程成本;⑤辅助项目成本风险分析,就是对在本项目中可能影响项目效益的诸因素进行事先分析,对风险项目进行成本与措施的平衡报价做好相应风险预防。

### 3.基于BIM的施工准备阶段的成本管理

目前施工准备阶段的成本管理与施工组织相脱离,资源管理与项目需要相脱离,目标责任不清晰,成本计划不准确、可执行性差,导致成本管理措施无法有效实施。BIM成本管理的应用以BIM流程和相关BIM应用为基础,做好成本管理同施工组织相关知识的联系,通过目标模型和成本目标责任书明确成本责任,最终使项目和个人的目标成本能够融入项目建设与管理过程中。实质是通过BIM做好项目策划,在BIM辅助下实施施工准备,通过赋予BIM模型内各构件时间信息,利用自动化算量功能,输出任意时间段、任一分部分项工程细分其工程量;基于工程量确认某一分部工程所需的时间和资源;根据BIM数据库中的人、材、机价格及统计信息,由项目管理者安排进度、资金、资源等计划,进而合理调配资源,并实时掌控工程成本,具体要做好优化施工组织设计、编制资源供应计划、明确成本计划与成本责任以及分包管理四方面工作。

(1)优化施工组织设计的BIM应用方法

通过BIM软硬件虚拟施工,实现对施工活动中的人、财、物、信息流动的施工环境三维模拟,为施工各参与方提供一种易控制、无破坏、低耗费、无风险且能反复多次的实践方法,实现提高施工水平,消除施工隐患,防止施工事故,减少施工成本及工期,增强施工过程中决策、优化与控制能力的目的。通过BIM技术手段减少或避免项目的不必要支出，提高对不可预见费用的控制，增强承包商核心竞争力。

施工方案的优化包括两方面：①对投标阶段技术标进行深化，注重施工的可行性和经济性，通过BIM工程数据库对同类工程项目的特定工序进行多方案的施工对比与施工模拟，从中选择经济合理、切实可行的施工方案。目前在项目基坑开挖、管道综合布局、钢结构拼装、脚手架的搭建与分析等施工方案都可通过BIM模型在相应软件中实现优化。②将施工方案所设计的BIM模型导入相关BIM应用的模型中，通过对方案的模拟发现其中的难点、不合理之处及潜在的施工风险，并通过对模型和方案的修改研究实现相应的预防解决方案。

施工部署则是利用管理的手段，通过BIM实现对施工现场及施工人员的部署。通过在BIM中将各建筑物和道路等施工辅助构件进行合理的现场部署，形成科学合理的场地及施工区域的划分，确保合理的组织运输，并在确保生产生活便利的情况下，尽可能地充分利用现场内的永久性建筑物和临时设施等，进而减少相关费用的支出。因此，BIM应用的实施要点即将平面图中的建筑物与施工过程相结合，确定好施工辅助器具及相关厂房以及临时设施的布置，形成便于施工且不需要频繁改变的施工平面布置。

在确保质量、工期的前提下，对进度、资源均衡优化，这种多维、多目标的优化是以精确工程量为基础的，此工程量包括实体工程量和临时性工程量。BIM环境下通过以下方式实现工程资源和工期的优化：①将实体、临时性、措施性的项目进行建模，通过计算的工程量、工程数据库指标以及优化后的施工部署确定施工计划，输出各施工计划内的资源需求量；②将模型构件与施工工序关联，实现工期同工程量及资源数据的关联；③将BIM输出的工期、资源数据导入Project软件进行工期、资源均衡的优化，确定最优工期和项目施工工序及关键线路；④将施工工序和最优工期输入BIM施工准备模型，重新计算各施工段工程量，并进行施工模拟，输出各工程节点的工程量、成本、资源数据曲线及统计表；⑤将已编制的进度计划导入BIM软件的进度计划模块，实现建筑构件与进度数据的关联设置，进行虚拟建造。

（2）编制资源供应计划的BIM应用方法

基于BIM的资源供应计划有两方面的含义：一是在进行资源采购和调配的过程中，随工程进度合理采购和调配工程资源；二是对工程建设项目采取定额领料施工制度。两层含义的实质都是合同性资源采购与调配严格控制资源数量，非合同性资源通过鲁班BIM中的材价通软件根据特定材料的实时价格采取采购策略，将采购策略与市场接轨。

BIM为编制资源计划提供相应的决策数据，相关辅助部门在BIM的辅助下做好阶段性所需资源的输入和管理规划。资源供应计划BIM应用步骤如下：①将优化的工期与模型关联并调入造价及下料软件；②输出各阶段工作所需资源统计表，采购部按材料统计表制订采购计划，明确各阶段采购数量、运输计划、检验检测方法及存储方案；③工程部根据人力需求明确各工序人员数量，确定劳务分包及自有劳务人员的生产活动安排，基于BIM模拟合理布置工作面和出工计划；④机械设备根据需求合理安排施工生产，对于租赁的机械设备做好相应的调度和进出场时间安排，做好机上人员与辅助生产人员的协调与配合规划。

(3)确定成本计划与成本责任的 BIM 应用方法

成本管理计划的 BIM 应用核心是算量计价,制订科学有效的成本计划与资金计划,并且做好成本责任的分配与考核准备工作。

科学有效的成本计划即能够同施工计划、资源计划等相关信息协同工作,实现相对平衡的成本支出与资金供应计划。通过 BIM 模型将成本同其他维度信息相关联,并优化不同信息维度。通过工期资源优化,利用 BIM 模型可输出较为合理的成本计划:①对阶段性工作构件输出工程量及成本,通过在 BIM 模型中呈现相关工作,并将这种临时性的工作成本折算计入实际成本,以综合单价工作包的形式形成成本计划,避免重复的算量计价工作;②施工模型每个工作面及构件形成相应的综合计划成本,并输出各分部项目和人、材、机等生产要素的计划成本;③根据各类成本重要性及指标库所提供的弹性范围确定成本计划的质量和效益指标,确定阶段性成本控制难点和要点,制定针对性成本控制措施;④输出不同类型成本汇总表供施工过程参考对比,形成各部门及其负责人成本控制目标成本。

(4)分包管理 BIM 应用方法

在分包管理过程中,BIM 应用首先要确定合理的分包价格,并进行实时的计量结算。分包价格的确定可通过目标成本模型对分包工程成本进行核算,同 BIM 工程数据库分包项目的对比分析,确定合理的分包价格和工程工期,并以此为标底进行分包项目的招标和分包商的选择;确定分包商后,转化形成分包 BIM 模型,在分包工期与资金的弹性范围做好分包项目实施,同时做好对分包工程计价和工程进度工程款的支付工作。

**4. 基于 BIM 的施工阶段成本管理**

施工阶段成本管理包括对不同对象、要素全方位、全范围的整合管理。施工阶段 BIM 成本管理的依据是成本管理工作任务分工表、各类 BIM 工作流程及项目管理制度。施工阶段随着项目实体由于进度、变更等原因的改变,BIM 模型必须不断更新并与实际施工保持一致。施工过程至少有三种模型:一是进行施工协调和方案模拟的模型;二是承包商基于目标成本的施工模型;三是同甲方进行结算的模型。后两者的区别主要在于采用定额和计价价格的数据上。

施工阶段 BIM 应用同工作活动间的关联性多,BIM 的辅助有两点:通过运用 BIM 软件对施工组织的辅助优化;对数据的收集与处理,是通过信息化系统对项目实现综合性和实时性掌控。本节从成本控制、成本分析与考核、成本动态管理三方面分析施工阶段基于 BIM 的成本管理方法,成本控制偏重对 BIM 应用可视化、数据采集以及模拟功能的应用方法,成本核算与分析以及成本考核偏重对 BIM 系统数据的处理和应用。

(1)施工阶段基于 BIM 的承包商成本控制方法

施工阶段将 BIM 应用分为资源消耗量控制和计量结算工作 BIM 应用点分析。控制资源消耗量按工作性质分为间接资源消耗控制与直接资源消耗控制。间接资源消耗控制是通过对方案优化或沟通协调对资源节约控制;直接资源消耗控制是采取措施减少资源用量。

①间接资源消耗控制的 BIM 应用方法

间接资源消耗控制主要对那些同成本管理相关联项目知识维度的控制,包括对进度、施工技术方案等优化和工程协调与信息共享工作。前者通过技术手段减少成本的支出，包括施工可视化、施工方案模拟优化、质量监控、安全管理、模型更新等工作；后者通过管理手段减免不必要的项目管理工作和由于沟通不畅而造成对实体工作的影响，主要有数据收集与共享、3D 协调等应用。

②直接资源消耗控制的 BIM 应用方法

直接资源消耗的控制基本思想就是施工精细化管理，核心是理清资源、工程量、价格及资金流对应部门间的逻辑关系，并在施工过程中按资源管理制度严格控制，进而达到控制成本的目的。BIM 资源管理则是根据模型和资源数据库提供完成合格工程的资源量及资源使用方案，精细化地提供建筑构件的资源量。不同部门资源管理的侧重与管理方式有关，成本合约部门注重对通过工程量实现对资源数量的控制，采购部门负责对资源价格和供应的控制，工程部负责对资源消耗量的控制，财务部门负责资金回收与支出，形成准备-采购供应-消耗-反馈的闭合过程。因此，施工阶段不同部门也应该根据自身工作的侧重运用 BIM 实现对资源的管理控制。

③成本合同外工作的 BIM 应用

成本合同外工作是指对项目建设过程中出现的变更、签证、索赔等对合同条件发生改变的管理工作，这些工作会对工期、工程量、工程款等合同实质性内容发生改变。实施应用体现为通过 BIM 确定合同外工作工程量价格并在确认后对施工模型实时更新修改。以工程变更 BIM 应用为例：通过 BIM 算量计价软件，对变更方案进行空间与成本的模拟，了解变更对进度、成本等的影响，然后选择合理的变更方案；对于承包商自动检测发生变更的内容直观地显示成本变更结果，及时计量和结算项目变更工程价款，替代传统烦琐而无准备的通过手动对变更的检查计算；出现索赔事件，通过 BIM 模型及时记录并做好索赔准备，通过计量算价和施工模拟等功能实现对工期、费用索赔的预测，并实施索赔流程。

④计量和结算管理 BIM 应用

工程的计量与结算是对资源消耗成本化的过程，成本控制的核心阶段与工程结算和成本动态控制的基础，体现为不同参与者之间资金的流动，因此，此阶段 BIM 实施的核心工作是工程计量与结算，具体有工程计量、工程结算和工程资金管理。下面分别对工程计量、工程结算和工程资金管理三个方面的应用进行描述。

工程计量是工程参与各方对合同内和合同外工程量的确认，承包商计量工作包括外部对自身工程的计量以及自身对分包工程的计量，两工作过程相似。BIM 应用是在对工程量测量后，将测量结果导入算量模型；对比施工模型、目标模型等不同模型工程量；对存在的偏差工程量进行研究，并同建设单位进行确认；在完全确认后通过 BIM 系统完成向造价工程师的信息传输。

工程结算是对实际工程量进行计价，将工程实体转向货币化，按照合同约定计量支付周期确认工程量后由造价工程师结算，BIM 实施流程。造价工程师以造价资料为依据对投标模型、目标模型和施工模型工程量的属性修改，选择计价区域并自动化计价，对工程造价的快速拆分与汇总，输出工程量报价和工程价款结算清单。BIM 输出结算周期内的工程款支付申请，经相关审核程序后由财务部同甲方进行进度款支付申请和结算；建设阶段通过BIM系统中模型和支付申请核准工程阶段价款;根据分包模型及资料进行分包结算,分包结算过程是在分包工程质量合格的基础上准确计量工程量,按分包合同进行进度款的结算与支付;在相应项目结算后将相应的实体、时间和成本在施工模型中更新,并上传至BIM系统数据库,完成对成本数据的动态收集;将BIM系统通过互联网与企业BIM系统对接,总部成本部门财务部门可共享每个工程项目实际成本数据,实现总部与项目部的信息对称,加强总部对项目部成本的监控与管理。

在工程资金管理方面BIM应用,BIM应用要点包括:基于模型对阶段工程进度精确计量计价确定资金需求,并根据模型支付信息确定当期应收、应付款项金额;进行短期或中长期的资金预测,减少资金缺口,确保资金运作;通过BIM系统对各部门具体项目活动进行资金申报与分配的精确管理,财务部门根据工作计划审核各部门资金计划;通过BIM模型实时分析现金收支情况,通过现金流量表实现资金掌控。

(2)施工阶段基于BIM的承包商成本分析与考核方法

①施工阶段承包商成本分析BIM应用方法

成本分析的基础是成本核算,在结算的基础上对施工建设某阶段所发生的费用,按性质、发生地点等分类归集、汇总、核算,形成该阶段成本总额及分类别单位成本。BIM成本分析包括:通过BIM模型对成本分类核算,并上传至BIM系统;对合同造价、目标成本、实际成本所对应合约模型、目标模型和施工模型多算对比,形成对总价、分部分明、细部子目、总偏差、阶段偏差等方面的对比分析输出结果;从时间、工序、空间三个维度多算对比,及时发现存在问题并纠偏;通过BIM系统成本分析模块,项目参与人员将项目任意拆分汇总并自动快速计算所需工程量,自动分析并输出图表;由于在BIM中实现了资源、成本与项目实体构件的关联,快速发现偏差的施工节点,通过施工日志对相应节点进行偏差分析;问题体现为成本阶段性偏差与总偏差,并提供成本超支预警;通过对数据分析的辅助发现成本偏差的根本原因;成本原因分析,根据工作任务分工表确定责任部门及责任人,通过BIM软件的优化或模拟和评价,改进方案的可行性与经济性;采取调控措施,对相应偏差负责部门发出调控通知表的方式督促其进行成本偏差的调整。

②施工阶段基于BIM的承包商成本考核分析

施工阶段成本考核由项目部办公室负责,根据管理及考评制度、成本目标完成情况进行奖惩。BIM的应用方法主要是通过数据为考评提供决策依据。

(3)施工阶段基于BIM的承包商成本动态管理方法

成本的动态控制以成本计划和工程合同为依据,动态控制成本的支出和资源消耗。此阶段BIM应用多是对成本静态管理常用应用的串联,基于BIM的承包商成本动态管理在BIM应用工作流程的指导下,做好以下四方面工作:

①现场成本及其相关数据的动态收集

通过移动端和WEB端BIM应用数据统计输入等方式实现对现场数据的动态采集,具体采集方式按施工质量、资源控制等维度步骤进行。需要明确的是,采集的数据首先传输至负责该部门成本信息管理与处理的BIM工程师,由其审核、处理后转入BIM系统平台共享。

②成本数据的实时处理与监控

通过对收集的数据由BIM系统自动化处理并项目参与者对自身权限内进度、成本及资源消耗等成本信息的实时监控,通过资源管理与跟踪、工程量动态查询、进度款支付与控制以及索赔变更统计等功能模块及时发现施工资源与成本管理的矛盾和冲突。该应用的核心是 BIM 系统的数据分析、多算对比及动态模拟功能模块应用。

③成本调控策略制定

在对成本数据处理、出现监控预警后进行动态调控,通过追踪偏差部位进行成本偏差原因分析,并形成调控意见输出成本预警单,通过划分级别说明调整的迫切程度。将成本预警通知单下发至相应部门,根据成本偏差额度在 BIM 模型中分析调控方案,形成具体的调控策略并执行。

④成本调控策略的跟踪实施

成本调控策略的跟踪实施一方面是通过 BIM 系统实现对成本调控策略实施效果的监控,另一方面是实现资源、进度计划、成本的同步调整和实施。此时的 BIM 实施多是对前面各阶段 BIM 应用的重复运用。

**5. 基于 BIM 的竣工阶段成本管理**

对工程项目的交接,通过确认最终工程量对工程价款结算,BIM 可进行竣工结算资料的编制和合同争议的处理。工程总结包括项目部和施工企业两个层次,主要是对成本过程进行分析与考核,通过知识管理形成项目数据库。

在最终结算文件的编制过程中,BIM 实施如下:①运用 BIM 的算量计价软件,根据 BIM 模型和过程结算资料输出竣工结算工程量和工程价款统计表;②通过 BIM 模型确认竣工结算时整个施工过程的工程量,并对各项成本进行核算分析;③通过结算资料同竣工模型的对应,检查是否有缺项漏项或重复计算、各项变更或索赔等费用是否落实;④通过 BIM 系统随施工过程所输出的电子档案,整理形成符合建设单位要求的竣工结算文件;⑤通过施工日志和施工模型的辅助,实现对争议事件的回顾与分析,促进甲乙双方对争议事件的解决。

竣工结算后承包商需要通过竣工模型转化为运维模型并交付于建设单位,方便业主根据各种条件快速检索到相应资料,提升物业管理能力;以运维模型进行建筑项目的维护与保修,制定切实可行的工程保修计划,并在竣工结算时合理预留工程保修费用。

BIM 知识管理是以 BIM 数据库的形式体现形成工程指标库,实施如下:将各阶段工程资料电子档案同对应模型关联后上传 BIM 系统;通过 BIM 系统对模型数据按系统类别分解、指标化分析,归纳进入所属数据库实现钢筋等资源消耗、同类工程成本估价等应用;类似工程通过对同类工作和指标参考,为后续项目各阶段决策与管理工作提供建议。

目前承包商知识管理刚刚起步,BIM 数据库可参照工程很少,在实施过程中最大的难点是一个模型难以定义不同阶段的数据信息,需通过多个模型展现,存储难度大;另外,多算对比需要调用若干模型,若操作不便,导致施工过程中模型改变步步备份,增加模型创建工作量,也导致数据的对比分析操作较为复杂。因此实现同一模型中对同一构件通过数据库后台存储,实质就是通过构件编码实现对同一构件基于时间和类型的存储,通过一个模型实现对其不同阶段数据的应用。知识管理的快捷实现仍需要软件和知识管理理念的推动发展。

## 5.4　BIM 在运维阶段的应用

### 5.4.1　建筑全生命周期的基本概念

传统意义上的建筑全生命周期是包括规划、设计、施工、运维及拆除在内的一个时间周期，在整个周期内贯彻信息化协作，这是 BIM 一个最基本的理念。基于 BIM 语境下，我们可以将整个时间周期以竣工为界划分为"虚拟的建筑"和"物理现实的建筑"两个大阶段。

前者相当于建设过程，以处理虚拟建筑模型结合建筑原材料为主要的 BIM 运作方式，后者则是运维过程，以处理虚拟建筑模型结合建筑物整体为主要的 BIM 运作方式。两个过程的基本逻辑关系是：运维是为最终用户服务的，建设是为了运维服务。

既然所有的建设都是为了运维，那么在建设之前就应该出现一个"运维向建设提需求"的过程，特别是 BIM 的数据需求就在此阶段提出。这里的运维前置实际上是建筑的本性，但是在国内传统的"重建设、轻管理"的时代被忽视了，此处的管理即指运维管理，只有少数开发商项目实现了部分的"物业前置"，即物业在竣工之前的一段时间就进场准备接收。在这种理念之下，我们就得到一个全生命周期信息协作的新模式。

著名的 BIM 建筑设计公司 HOK 总结了在这种协作模式下的流程总图，表达了建筑前期需求-建设期间的 BIM-建成后的工作空间管理系统三者之间的信息互操作关系。对此逻辑关系的解释是：建筑信息的全生命周期始于前期需求策划和那些让这个策划方案指导后续设计过程的详细信息。为了更有效率地工作，这个过程必须注重这些信息——这些经由整个设计、施工、调试和占用过程而开发出来的信息，确保某一环节的信息能够更好地被其他环节所利用。最终这些信息都汇入一个综合运维管理平台（Intergrated Workplace Management System，IWMS）。

当然这是信息化业已高度发达的社会所采用的流程，以国内现实情况来看这还是一个理想状态，但是这种理想状态所需要的方法、技术和工具都已经很完备了，国内可以完整地引入，从而可能引发整个行业的流程变革（Business Process Reengineering，BPR），尤其是运维与建设之间的流程关系，这就是 BIM 技术所带来的特有的效应。

### 5.4.2　运维的基本概念

国外的运维管理已经成为一个专门的学科体系，称为 FM（Facilitiy Management）体系，但是这个术语不可直译为设施管理（容易与国内的设备设施管理混淆），故以下我们都使用其英文简称 FM。在行业划分上，FM 与建设行业并称为 AEC/FM 产业，大致上相当于中国的建筑业和物业等产业的综合，是国民经济的重要组成部分（约占据中国 GDP 的 1/6）；在专业教育体系上，是建筑技术、工程管理、企业管理、运筹学、计算机科学等多专业领域的交叉学科；在企事业单位管理中，它通常是一个由行政后勤、基维和运维、空间资产等职能组成的专业职能部门，与财政部、人事部、IT 部门并列属于企事业机构内部支持服务的业务组团。近半个世纪以来，FM 已经逐渐发展成为一个高度整合的建筑全生命周期管理模式，FM 相关知识领域的关系如图 5-16 所示。BIM 在 FM 领域中的应用一般被称为"BIM+FM 解决方案"。

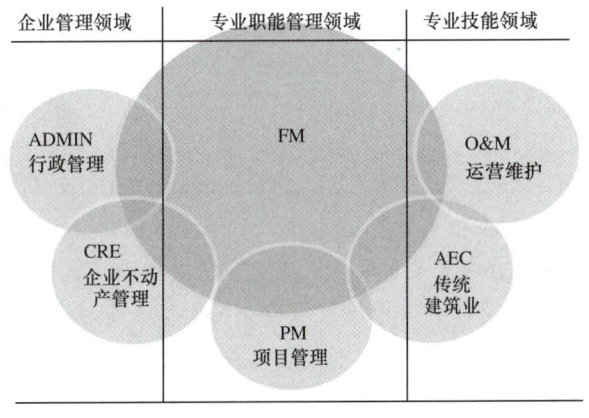

图 5-16 FM 相关知识领域的关系

我们将全社会的运维对象划分为如图 5-17 所示的类型，最后列举每种类型相应的服务形态。

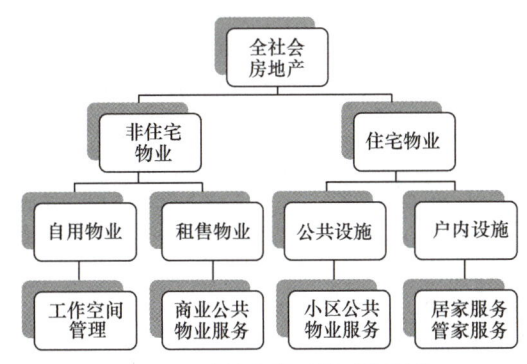

图 5-17 全社会的运维对象划分

自用物业是国外典型的采用 FM 管理模式的领域，公共物业服务也参照这种模式简化操作，实际上在租售物业中的租户辖区内也属于自用物业（相对于这个租户来说是自用，相对于开发商来说是租售）。相比国外较为稳定的市场结构来说，国内行业还正处于剧烈的演化过程，目前是以住宅小区物业管理为主要形态，正在多方面借鉴先进管理理念和方法。

运维并不总是与建设项目相关，相比于建设行业鲜明的项目管理特征来说，运维管理更多的是处于某些企事业单位的机构组织管理中，于是建设与运维的行业主体视角就有巨大的不同。

从企业管理角度去看建筑业的情形是：一个在建工程只是企业所管理的不动产资产盘子中的一部分，而对于建筑业来说，这个工程就是项目的全部。我们需要在建筑设施角度和企业管理角度之间来回切换，才能更好地理解设施运维管理。

### 5.4.3　BIM 在运营维护中的应用

《BIM 手册》总结了在运维中应用的价值空间：从手工管理提升到计算机工具进行管理，再进一步提升到使用 BIM 技术管理，这两个提升空间在发达国家是分两个历史阶段分别完成的，而对于中国尚未充分发展起来的运维行业来说（具体表现之一就是信息化水平非常低），也有可能是一次性实现，这将会是一次巨大的技术带动产业升级。

BIM 在运维中的应用在一定程度上取决于运维管理软件的发展，国内在这方面很发达，一般称为 CAFM（Computer Aided Facility Management）软件行业，这是与 CAD（Computer Aided Design）同时期诞生的术语，目前较新的术语则是 IWMS（Integrated Workplace Management System），而国内受制于管理模式尚未成熟，普及率、信息化水平较低等制约因素，导致这个软件细分市场还没有很好地成长起来。

BIM＋FM 的解决方案受软件平台、技术专家和管理顾问的水平制约较大，通常需要技术力量较强的三类专家（BIM 技术专家，拥有 FM 开发经验的 IT 开发专家，FM 管理顾问）才能够确保项目成功，这导致市场上可以直接采用的成熟解决方案较少，在客户不同等级的预算水平和目标水平上可选择性都不多。

纵观国内市场上各种可行的技术方案，比较可能成功实施的主要有以下三类：
(1) 成熟 FM 平台＋BIM 模型（上海申都大厦）；
(2) 自行开发 FM 平台＋BIM 模型（上海金桥开发区五维园区平台）；
(3) 基于 BIM 模型技术开发 FM 平台（上海碧云社区市政维护管理系统）。

以下简介主要以第一种成熟技术为例进行介绍。成熟技术包括两方面：
(1) 成熟的 BIM 平台，以 Autodesk 公司 Revit 为例；
(2) 成熟的运维管理平台，以 Archibus 平台为例。

Archibus 平台是 B/S 结构的，即一般业务用户只需要浏览器就可以访问数据库和进行业务操作，所有数据和应用程序都在服务器上。

Archibus 的功能模块基本上代表了国外的 FM 管理模式，凡能够被信息化的管理职能在软件中均有体现，其数据结构、可扩展性、可靠性和功能完整性都已经达到了很高的成熟度。

Revit 与 Archibus 的集成方面，Archibus 专门为 Revit 开发了插件，供 BIM 的使用者随时与运维平台之间进行数据互操作。在 Revit 与 Archibus 之间可以通过这个插件进行数据的双向操作。

这种利用插件进行数据传递的做法在多年前就出现过：Archibus 在 1983 年最早期的版本就有针对 AutoCAD 的插件，以方便建筑设计与运维管理之间的数据相互操作，只不过图形使用的是平面图，这可以理解为一种"二维的 BIM"。而在当今的 BIM 时代，即使原始模型是三维的，在进入空间管理日常操作的界面时，还仍然是以使用二维平面为主，在 Archibus 空间管理模块中查看空间图形和数据。

来自 BIM 模型的空间数据进入 Archibus 之后，极大节省了数据录入的工作量。原先进行这种数据初始化的工作量巨大，经常导致使用单位望而却步。此处图形格式采用的是 Adobe 公司的 Flash 技术,这个技术允许在网页中展示图像并与数据库进行互动操作。

在 Revit 软件中也可以调用来自 Archibus 网络数据库的设备数据,其中的设备照片与数据都是存储在 Archibus 数据库中,被 Revit 通过插件调取出来。此处是调用的 Archibus 交付功能验证模块,当一台设备被设计时应当具备的性能都已先期植入 Archibus 数据库中,虽然有些经验数据来自此机构在这个工程项目开展之前的若干年积累而得,但是在设计、采购和施工过程需要不断比对这个设计目标,就需要在 Revit 中调用运维平台的数据。

### 本章小结

本章主要介绍了 BIM 在项目前期规划阶段的应用,包括工业和房屋建筑、轨道交通和道路桥梁等领域;BIM 在设计阶段的应用,包括参数化设计、协同设计、碰撞检查及工程量和成本估算等;BIM 在施工阶段的应用,包括建筑施工场地布置、施工进度管理、施工质量安全管理和成本管理等;BIM 在运维阶段的应用,包括建筑全生命周期的基本概念、运维的基本概念和 BIM 在运营维护中的应用等。

### 思考与练习题

5-1 什么是"协同设计"?其本质是什么?
5-2 在设计阶段使用碰撞检查的意义是什么?其使用范围包括哪些方面?
5-3 简述 BIM 技术场地布置与传统场地布置的区别。
5-4 基于 BIM 技术实施进度管理的主要内容包括哪些?
5-5 BIM 技术在工程成本管理上有哪些应用范围?
5-6 建筑全生命周期的概念是什么?如何理解?
5-7 如何使用 BIM 技术运用在建筑运维方面?有哪些应用点?

# 第 6 章

# BIM 模型与标准体系

**本章要点**

(1) LOD 理论、BIM 建模精度。
(2) IFC 标准框架、实现方法及应用。
(3) 建筑信息模型应用统一标准。

**学习目标**

(1) 掌握 LOD 理论、BIM 建模精度。
(2) 了解 IFC 标准框架、实现方法及应用。
(3) 了解建筑信息模型应用统一标准。

## 6.1 BIM 建模流程

**1. 建立网格及楼层线**

建筑师绘制建筑设计图、施工图时,网格以及楼层为其重要的依据,放样、柱等判断皆需依赖网格才能让现场施作人员找到基地上的正确位置。楼层线则为表达楼层高度的依据,同时也描述了梁位置、墙高度以及楼板位置。建筑师的设计大多将楼板与梁设计在楼层线的下方,而墙则位于梁或楼板的下方。若没有楼层线,现场施工人员对于梁的位置、楼板位置以及墙高度的判断则会很困难。因此在绘图的第一步,即为在图面上建立网格以及楼层线。

**2. 导入 CAD 文档**

将 CAD 文件导入软件可方便下一步骤建立柱梁板墙时,可直接点选图面或按图绘制。导入 CAD 时应注意单位以及网格线是否与 CAD 图相符。

**3. 建立柱、梁、板、墙等组件**

将柱、梁、板、墙等构件依图面放置到模型上,依构件的不同类型选取相符的模型样式进行绘制工作,柱与梁应依其位置放置在网格线上,便于日后如果有梁柱位置移动时,方便一并修正。柱与梁建构完成后,即可绘制楼板、墙、楼梯、门、窗与栏杆等组件。

**4.彩现图**

彩现图为可视化沟通的重要工具,建筑师与业主讨论其设计时,利用三维模型可与业主讨论建筑物外形、空间意象以及建筑师的设计是否达成业主需求等功能。然而三维模型在建构时,常为了降低计算机资源消耗以及模型控制的便利,而采用较为简易的示意方式,并无表示实际材质于三维模型上。建筑信息模型可于三维模型上贴附材质,虽在绘图模式时并未显示,但可利用其彩现功能,计算表面材质与光影变化,对于业主来说,更能清楚地了解建筑的建筑外观。

**5.输出为 CAD 图与明细表**

目前在新加坡等 BIM 应用较早的国家,其建管单位已经能接受建筑师缴交三维建筑信息模型作为审图的依据,然而在国内并无类似制度,建筑师缴交资料给予建管单位审核时,仍以传统图纸或 CAD 图为主,因此建筑信息模型是否能够输出为 CAD 图使用,则是重要的一环。三维建筑信息模型除各式图面外,也能输出数量计算表,方便设计者数量计算。日后倘若发生变更设计时,数量明细表也能自动改变。

## 6.2 BIM 建模精度

### 6.2.1 LOD 理论

虚拟现实中场景的生成对实时性要求很高,LOD 技术是一种有效的图形生成加速方法。1976 年,克拉克提出了细节层次(Levels of Detail,LOD)模型的概念,认为当物体覆盖屏幕较小区域时,可以使用该物体描述较粗的模型,并给出了一个用于可见面判定算法的几何层次模型,以便对复杂场景进行快速绘制。1982 年,鲁宾(Rabin)结合光线跟踪算法,提出了用复杂场景的层次表示算法及相关的绘制算法,从而使计算机能以较少的时间绘制复杂场景。20 世纪 90 年代初,图形学方向上派生出虚拟现实和科学计算可视化等新研究领域。虚拟现实和交互式可视化等交互式图形应用系统要求图形生成速度达到实时的效果,而计算机所提供的计算能力往往不能满足复杂三维场景的实时绘制要求,因而研究人员提出多种图形生成加速方法,LOD 模型则是其中一种主要的方法。近年在全世界范围内形成了对 LOD 技术的研究热潮,并且取得了很多有意义的研究结果。

LOD 技术在不影响画面视觉效果的条件下,通过逐次简化景物的表面细节来减少场景的几何复杂性,从而提高绘制算法的效率。该技术通常对每一原始多面体模型建立几个不同精度的几何模型。与原模型相比,每个模型均保留了一定层次的细节。在绘制时,根据不同的标准选择适当的层次模型来表示物体。LOD 技术具有广泛的应用领域,目前在实时图像通信、交互式可视化、虚拟现实、地形表示、飞行模拟、碰撞检测、限时图形绘制等领域都得到了应用,已经成为一项非常重要的技术,很多造型软件和 VR 开发系统都开始支持 LOD 模型。

### 6.2.2　BIM 建模精度

模型的细致程度,英文称作 Level of Details,也叫作 Level of Development。它描述了一个 BIM 模型构件单元从最低级的近似概念化的程度发展到最高级的演示级精度的步骤。美国建筑师协会(AIA)为了规范 BIM 参与各方及项目各阶段的界限,在其 2008 年的文档 E202 中定义了 LOD 的概念。这些定义可以根据模型的具体用途进行进一步的发展。

LOD 的定义可以用于两种途径:确定模型阶段输出结果(Phase Outcomes)以及任务分配(Task Assignments)。

**1. 模型阶段输出结果**

随着设计的进行,不同的模型构件单元会以不同的速度从一个 LOD 等级提升到下一个。例如,在传统的项目设计中,大多数的构件单元在施工图设计阶段完成时需要达到 LOD300 的等级,同时在施工阶段中的深化施工图设计阶段大多数构件单元会达到 LOD400 的等级。但是有一些单元,例如墙面粉刷,永远不会超过 LOD100 的层次。即粉刷层实际上是不需要建模的,它的造价以及其他属性都附着于相应的墙体中。

**2. 任务分配**

在三维表现之外,一个 BIM 模型构件单元能包含非常大量的信息,这个信息可能是多方来提供。例如,一面三维的墙体或许是建筑师创建的,但是总承包方要提供造价信息,暖通空调工程师要提供 U 值和保温层信息,一个隔声承包商要提供隔声值的信息等。为了解决信息输入多样性的问题,美国建筑师协会文件委员会提出了"模型单元作者"(MCA)的概念,MCA 需要负责创建三维构件单元,但是并不一定需要为该构件单元添加其他非本专业的信息。

LOD 被定义为 5 个等级,从概念设计到竣工设计,已经足够来定义整个模型过程,但是,为了给未来可能会插入的等级预留空间,定义 LOD 为 100～500。具体的等级如下:

LOD100-Conceptual 概念化。该等级等同于概念设计,此阶段的模型通常为表现建筑整体类型分析的建筑体量,分析包括体积,建筑朝向,每平方造价等(图 6-1)。

图 6-1　LOD100/200

LOD200-Approximate Geometry 近似构件。该等级等同于方案设计或扩初设计,此阶段的模型包含了普遍性系统包括的大致数量、大小、形状、位置以及方向等信息,LOD200 模型通常用于一般性表现目的及系统分析(图 6-1)。

LOD300-Precise Geometry 精确构件（施工图及深化施工图）。该等级等同于传统施工图和深化施工图层次。此阶段模型应当包括业主在 BIM 提交标准里规定的构件属性和参数等信息，模型已经能够很好地用于成本估算以及施工协调（包括碰撞检查、施工进度计划以及可视化，如图 6-2 所示）。

图 6-2　LOD300

LOD400-Fabrication 加工。此阶段的模型可以用于模型单元的加工和安装，如被专门的承包商和制造商用于加工和制造项目构件，如图 6-3 所示。

图 6-3　LOD400

LOD 500-As-built 竣工。该阶段的模型表现了项目竣工的情形。模型将包含业主 BIM 提交说明里制定的完整的构件参数和属性。模型将作为中心数据库整合到建筑运营和维护系统中去，如图 6-4 所示。

图 6-4　LOD500

在 BIM 实际应用中，我们的首要任务就是根据项目的不同阶段以及项目的具体目的来确定 LOD 的等级,根据不同等级所概括的模型精度要求来确定建模精度,可以说,LOD 让 BIM 应用有据可循。当然,在实际应用中,根据项目具体目的的不同,LOD 也不用生搬硬套,适当的调整也是无可厚非的。

## 6.3 IFC 标准

### 6.3.1 IFC 标准的发展

IAI(国际互协作组织)在 1997 年 1 月发布 IFC 信息模型的第一个完整版本,从那以后又陆续发布了几个版本,当前最新的正式版本是 IFC2×3 final。在领域专家的努力下,IFC 信息模型的覆盖范围、应用领域、模型框架都有了很大的改进。下面简单介绍 IFC 标准各个版本的内容及发展历程。

1997 年 1 月发布的 IFC1.0,包括支持建筑设计、HVAC 工程设计、设备管理和成本预算的过程,这个信息模型只是将要定义的、完全共享的工程模型的一部分。IFCL.0 版本将其范围局限在以下几个可达到的目标:

(1)定义了一个"核心"模型,并建立了可扩展的软件框架,保证在 IFC 模型的结构扩展过程中,各个版本之间差异最小。

(2)重点定义了四个工业应用领域:建筑、HAVC 工程、工程管理、设备管理。但模型只支持这些领域用到的部分过程。

1997 年 12 月发布的 IFC1.5 没有扩大 IFC1.0 的领域范围。然而,在 IFC1.0 版本实践经验的基础上,验证了 IFC 的技术框架,并且扩展了 IFC 对象模型的核心,为商业软件开发提供了一个稳定的平台。

1998 年 7 月发布 IFC1.5.1 版本以 IFC1.5 模型为基础,修正了某些实现问题,验证了核心模型和资源。这一版本成为商业软件应用系统实现 IFC 标准的基础,这些软件包括 Allplan、ArchiCAD 和 Architectural Desktop(Autodesk)。2000 年中期,这些软件第一批通过了 IAI 认证。

1999 年 4 月发布的 IFC2.0 版本扩展了 IFC 模型的领域范围,并且极大提高了应用系统之间共享信息的能力。虽然为了支持新领域过程增加了一些额外特色,但关键的核心和资源模块并没有改变,BLIS(Building Lifeeycle Interopemble Software)项目中的一些公司一起为 IFC2.0 开发了商业目的的应用系统。2001 年中期,这些应用系统中的 13 个通过了 IAI 的认证过程。

2000 年 10 月发布的 IFC2X 标示了一个 IFC 开发和应用的重要转变。其中,引入了模块化开发的框架和平台。在这个框架中可以用模块化的方法渐进、稳定地扩展模型的范围。研究项目用 IFC2X 平台开发模块,当任务完成后独立地发布模块。它为整个信息模型建立了一个稳定的基础框架,在这个框架下可以用模块化方法扩展 IFC 的范围和能力。在这个版本,将整个信息模型分为两个部分:平台部分和非平台部分。平台部分是模型中相对稳定的部分,这一部分已经被 ISO 组织采纳为国际标准,编号为 ISO 16739。此外,在 FC2X 中引入了 IFCXML 规范,用 XML 模式定义语言 XSD(XML Schema Definition Language)定义了对应 EXPRESS 的整个 IFC 模型。这个规范定义了整个 IFC 模型 Express 语言到 XML 模式定义语言的映射,实现了用 XMI 交换工程信息的方法。

  2003 年 5 月发布的 IFC2×2,在领域范围上有很大的扩展,特别是增加了结构分析领域的信息描述。与 IFC 的其他版本一样,IFC2×2 也有完整版和平台版之分;IFC2×2Fimal,它是所有 IFC 的 Scherma 的总和,它又可以分为两个部分,即平台版(Platform)和非平台版(non-platform)。IFC2×2 Platform 部分是 Schema 中的稳定不变的那一部分,这一部分 Schema 可以向上兼容,而且一般不会改变。非平台部分还是不稳定的,可以由各软件公司根据自己的需要进行改变。Final 部分的不稳定部分可能经过完善和考验之后被添加到 Platform 部分中。Schema 是 IFC 的一种模型,我们可以将 IFC2×2 Plat-form 或 IFC 2×2 Final 的 Schema 文件通过中间组件转换,就可以生成符合 C++格式的类,这些类是我们进行 IFC 与其他软件间数据转换的基础。

  2006 年 2 月发布的 IFC2×3 版本,包括了很多基于 2004 年发布的 IFC2×版本 2 附录 1 上的改进。IFC2×3 是按照 IFC 新原则颁布的第一个 IFC 版本,已经被广泛采用。

## 6.3.2  IFC 的整体框架

  IFC 标准是一个类似面向对象的建筑数据模型。IFC 模型包括整个建筑生命周期内的各方面的信息,其中包含的信息量非常大而且涵盖面很广。为此,IFC 标准的开发人员充分地应用了面向对象分析和设计方法,并设计了一个总体框架和若干原则将这些信息包容进来并加以很好地组织,这就形成了 IFC 的整体框架。IFC 的总体框架是分层和模块化的,整体可分为四个层次,从下到上依次为资源层、核心层、共享层、领域层。

**1.资源层(Resource Layer)**

  IFC 资源层的类可以被 IFC 模型结构的任意一层类引用,可以说是最基本的,它和核心层一起构成了产品模型的一般结构,虽然目前结构类的识别还不是基于实体论模型。它包含了一些独立于具体建筑的通用信息的实体,如材料、计量单位、尺寸、时间、价格等信息,这些实体可与其上层(核心层、共享层和领域层)的实体连接,用于定义上层实体的特性。

  这些类包括:IFC Utility Resource,IFC Measure Resource,IFC Geometry Resource,IFC Property Type Resource 和 IFC Property Resource。其中 IFC Utility Resource 包括一些项目管理使用的概念类:标识符、所有权、历史记录、注册表。IFC Measure Resource 采用 ISO 10303 第 41 部分度量类,列出数量的单位和度量标准。IFC Geometry Resource 规定了产品形状的几何和拓扑描述资源,这些资源部分由 ISO 10303 第 42 部分(集成通用资源:几何与拓扑表达)改写过来(IAI 1997b:4-40),IFC Property Type Resource 定义了对象和关系的各种各样的特性,它由人员、分类等级、造价、材料、日期和时间等类组成。子类"材料"是各种各样的材料表,这些类是通用的,而不是建筑专门的类,它们的作用是作为一种定义高级层里的实体属性的资源。

## 2. 核心层(Core Layer)

核心层定义了一些适用于整个建筑行业的抽象概念,如 Actor,Group,Process,Product,Control,Relationship 等。比如说,一个建筑项目的空间、场地、建筑物、建筑构件等都被定义为 Product 实体的子实体,而建筑项目的作业任务、工期、工序等则被定义为 Process 和 Control 的子实体。核心层分别由核心(Kernel)和核心扩展(Core Extensions)两部分组成。

IFC Kernel 提供了 IFC 模型所要求的所有基本概念,它是一种为所有模型扩展提供平台的重要模型(IAI 1997a:6),这些构造不是 AEC/FM 特有的。Kernel 类有 IFC Object,IFC Relationship 和 IFC Modeling Aid。

核心扩展层包含 Kernel 类的扩展类:IFC Product,IFC Process,IFC Document 和 IFC Modeling Aid。核心扩展是为建筑工业和设备制造工业领域在 Kernel 里定义的类的特例,IFC Product Extension 定义如元素、空间、场地、建筑和建筑楼层等概念(ibid:8-111)。IFC Process Extension 有子类,它是为掌握关于生产产品的工作信息,在这些类里尽可能定义工作任务和资源。子类 IFC Document Extension 是在建设建筑中使用的典型文件类型的信息内容的详细说明,目前,只包含造价表。IFC Modeling Aid Extension 包含帮助项目模型开发的子类,如 IFC Design Grid 和 IFC Reference Point。

## 3. 共享层(Interoperability layer)

共享层分类定义了一些适用于建筑项目各领域(如建筑设计、施工管理、设备管理等)的通用概念,以实现不同领域间的信息交换。比如说,在 Shared Building Elements Schema 中定义了梁、柱、门、墙等构成一个建筑结构的主要构件;而在 Shared Services Element Schema 中定义了采暖、通风、空调、机电、管道、防火等领域的通用概念。

这层包含许多建筑施工和设备管理应用软件之间使用和共享的实体类。因此,Shared Building Elements 模块有梁、柱、墙、门等实体定义;Shared Building Services Elements 模块有流体、流体控制、流体属性、声音属性等实体定义;Shared Facilities Elements 模块有资产、所有者和设备类型等实体定义。

## 4. 领域层(Domain Layer)

领域层包含了为独立的专业领域的概念定义的实体,例如建筑、结构工程、设备管理等,它是 IFC 模型的最高级别层。分别定义了一个建筑项目不同领域(如建筑、结构、暖通、设备管理等)特有的概念和信息实体,比如说,施工管理领域中的工人、施工设备、承包商等,结构工程领域中的桩、基础、支座等,暖通工程领域中的锅炉、冷却器等。它包括建筑的空间顺序,结构工程的基础、桩、板实体,采暖和通风的加热炉、空调等备注。

### 6.3.3 IFC 标准的数据定义方式

IFC 采用形式化的数据规范语言 Express 来描述产品数据,采用面向对象的方法,把数据组织成有等级关系的类。IFC 把 Express 语言中确定的概念模型用于产品数据纯正文编码交换文件结构的语法,这一文件语法适合在计算机系统之间进行产品数据的传输,任意 Express 语法都能映射到交换文件结构的语法中去。

Express 是一种概念模式语言,用来描述一定领域的类,与这些类有关的信息或属性(如颜色、尺寸、形状等)和这些类的约束(如唯一性),也可用来定义类之间的关系和加在这些关系上的约束。Express 用";"结束每条语句,每条语句之间可以不加空格和换行,这样可以提高数据文件的可读性。在类的定义中,类的声明用关键词 Entity 开始和 End 结束。所有表示其特征的属性和行为关系都要声明。属性是类的特性(数据和行为关系),需要它来支持对类的理解和使用。

Express 语言通过一系列的说明来进行描述,这些说明主要包括类型说明(Type)、实体说明(Entity)、规则说明(Rule)、函数说明(Function)与过程说明(Procedure)。Express 语言中语言的定义和对象描述主要靠实体说明(Entity)来实现,在 IFC2X3 中共定义了 653 个实体类型。一个实体说明定义了一种对象的数据类型和它的表示符号,它是对现实世界中一种对象的共同性质的描述。对象的特性在实体定义中则使用类的属性和规则来表达。实体的属性可以是 Express 中的简单数据类型(数字、字符串、布尔变量等),更多的是其他实体对象。与其他面向对象语言一样,Express 语言同样可以描述实体之间的继承派生关系。可以通过定义一个实体是另一个实体的子类(Subtype)或超类(Supertype)建立实体之间的继承关系,子类可以继承超类的属性。在 Express 语言支持多重继承,一个子类实体可以同时拥有多个超类,但是,在 IFC 标准并没有使用多重继承,所有的实体类型最多只有一个直接超类。

### 6.3.4　IFC 实现方法

当软件开发者实现 IFC 标准时,需要对 IFC 标准有深刻的、广泛的认识和理解。目前的 IFC2×2 大约有 300 个类,而 IFC2×2_final 则更多,大约有 1500 个类。由于 IFC 模型的复杂程度,从一个 IFC 文件海量的建筑设计数据中,读取自己软件需要的信息,是十分困难的。

### 6.3.5　IFC 在中国的应用

**1. IFC 在中国的应用前景**

IFC 标准中包含的内容非常丰富,其中我们可以借鉴的东西也很多,在中国的应用前景广阔,下面从两个方面加以说明。

首先,IFC 数据定义模式是我们应该借鉴的。我们大多数的软件开发还停留在自定义数据文件的水平上,简单地定义某一位置或某一项数据代表的含义,这种方式显然不适合大型系统的开发和扩展,更不要说数据交换。我们需要一个总体的规划,需要一个规范的数据描述方式。不然我们在前面简单定义数据节省的时间,会在后期修改和扩展中加倍地浪费掉,而且容易失去对系统的控制。

其次,IFC 数据定义内容是我们应该借鉴的。IFC 目前和将要加入的信息描述内容是非常丰富的,涉及建筑工程方方面面,这包括几何、拓扑、几何实体、人员、成本、建筑构件、建筑材料等,更为难得的是,这些信息用面向对象的方法、模块化的方式很好地组织起来,成为一个有机的整体。我们在定义自己的数据时,可以借鉴或直接应用这些数据定义。IAI组织集中了全世界顶尖的领域专家和IT专家,由他们定义的信息模型经过了多方的验证和修改,是目前最优秀的建筑工程信息模型,如果我们抛开IFC,完全自定义信息模型,只能保证定义的模型与之不同,而不能保证要比它好。吸收其他先进技术成果,不断创新,我们才能进步。

IFC在中国的应用领域会很多,针对当前需求,主要在两个方面:

(1)企业应用平台

我国的建筑企业,特别是大中型设计企业和施工企业,都拥有众多的工程类软件。一方面,在一个工程项目中,往往会应用多个软件,而来自不同开发商的软件之间的交互能力很差。这就需要人工输入数据,工作量是非常大的,而且很难保证准确性。另一方面,企业积累了大量的历史资料,这些历史资料同样来自不同的软件开发商,如果没有一个统一的标准,也很难挖掘里面蕴藏的信息和知识。

因此,需要建立一个企业应用平台,集成来自各方的软件。而数据标准将是这个集成轴不可或缺的内容。

(2)电子政务

新加坡政府的电子审图系统,可能是IFC标准在电子政务中应用的最好实例。

在新加坡,所有的设计方案都要以电子方式递交政府审查,政府将规范的强制要求编成检查条件,以电子方式自动进行规范检查,并能标示出违反规范的地方和原因。这里一个最大的问题是,设计方案所用的软件各种各样,不可能为每一种软件编写一个规范检查程序。所以,新加坡政府要求所有的软件都要输出符合IFC2×标准的数据,而检查程序只要能识别IFC2×的数据即可完成任务。

随着技术的进步,类似的电子政务项目会越来越多,而标准扮演了越来越重要的角色。

**2.IFC在中国的应用问题**

尽管IFC标准是对STEP标准的简化,并且是为建筑行业量身定做的信息标准,但还是一个庞大的信息模型,不容易掌握。系统的技术培训是引入标准的前提条件和首要任务。

IFC作为建筑产品数据表达与交换的国际标准,支持建筑物全生命周期的数据交换与共享,在横向上支持各应用系统之间的数据交换,在纵向上解决建筑物全生命周期的数据管理,一栋建筑从规划、设计、施工,一直到后期物业管理,作为档案资料数据需要不断积累和更新,也需要统一的标准,应用IFC标准是一次有益的尝试,解决我国在工程建设数据管理方面的不足,使建筑数据模型作为真实建筑的资料信息,与之同步进化和发展,随时供工程与管理人员查询分析。建筑物作为城市的重要组成部分,建筑产品数据标准的研究必将带动数字城市建设的发展。现代城市是通过工程建设完成的,其管理与维护也离不开工程建设的支持。建筑数据模型应该成为数字城市的重要组成部分。建筑产品数据标准的研究是对数字城市理论的支持和完善。

要消除人为的"信息孤岛",还要做到制度、标准的规范与健全,在制度、法律、标准上明确信息共享的度和量;其次,要从管理者做起,消除原来的信息共享的等级制度。消除一些部门的信息特权观念,真正做到信息共享,实现协同管理。实施信息化的目的就是要缩小数字鸿沟,实现资源和信息共享,最大限度地发挥信息所带来的效益,信息只有在共享之后才能重复开发利用,实现不断升值,缩小数字鸿沟才能实现均衡协调、可持续发展。

## 6.4 建筑信息模型应用统一标准

### 6.4.1 总则

(1)为贯彻执行国家技术经济政策,推进工程建设信息化实施,统一建筑信息模型应用基本要求,提高信息应用效率和效益,制定本标准。

(2)本标准适用于建设工程全生命期内建筑信息模型的创建、使用和管理。

(3)建筑信息模型应用,除应符合本标准外,尚应符合国家现行有关标准的规定。

### 6.4.2 术语和缩略语

(1)建筑信息模型(Building Information Model)

全生命期工程项目或其组成部分物理特征、功能特性及管理要素的共享数字化表达。

(2)建筑信息模型应用(Application of Building Information Model)

建筑信息模型在工程项目中的各种应用及项目业务流程中信息管理的统称。

(3)任务信息模型(Task Information Model)

以专业及管理分工为对象的子建筑信息模型。

(4)任务信息模型应用(Application of Task Information Model)

面向完成任务目标并支持任务相关方交换和共享信息、协同工作的任务信息模型各种应用及任务流程信息管理的统称。

(5)基本任务工作方式(Professional Task Based BIM Application)

符合我国现有的工程项目专业及管理工作流程,以现行的专业及管理分工为基本任务,建立满足项目全生命期工作需要的任务信息模型应用体系来实施建筑信息模型应用的工作方式。

(6)基本任务工作方式应用软件(P-BIM Software)

以完成任务为目标,融合我国法律法规、工程建设标准和专业及管理工作流程并按基本任务工作方式实现信息交换和共享的建筑信息模型应用软件。

### 6.4.3 基本规定

(1)建筑信息模型应用宜覆盖工程项目全生命期。

(2)工程项目全生命期可划分为策划与规划、勘察与设计、施工与监理、运行与维护、改造与拆除五个阶段。

(3) 建筑信息模型宜在工程项目全生命期的各个阶段建立、共享和应用,并应保持协调一致。

(4) 建筑信息模型应用软件应根据信息建立、共享和应用的能力进行认证。

(5) 建筑信息模型应用可采用多种工作方式,当无经验时,宜采用基本任务工作方式。

### 6.4.4 模型体系

(1) 建筑信息模型应包含工程项目全生命期中一个或多个阶段的多个任务信息模型及相关的共性模型元素和信息,并可在项目全生命期各个阶段、各个任务和各个相关方之间共享和应用。

(2) 模型通过不同途径获取的信息应具有唯一性,采用不同方式表达的信息应具有一致性,不宜包含冗余信息。

(3) 用于共享的模型及其组成元素应在工程项目全生命期内被唯一识别。

(4) 模型应具有可扩展性。

(5) 模型整体结构宜分为任务信息模型以及共性的资源数据、基础模型元素、专业模型元素四个层次。

(6) 资源数据应支持基础模型元素和专业模型元素的信息描述,表达模型元素的属性信息。资源数据应包括描述几何、材料、时间、参与方、度量、成本、物理、功能等信息所需的基本数据。

(7) 基础模型元素应表达工程项目的基本信息、任务信息模型的共性信息以及各任务信息模型之间的关联关系。基础模型元素应包括共享构件、空间结构划分、属性集元素、共享过程元素、共享控制元素、关系元素等。

(8) 专业模型元素应表达任务特有的模型元素及属性信息。专业模型元素应包括所引用的相关基础模型元素的专业信息。

(9) 任务信息模型应包含完成任务所需的最小信息量,并宜按照建筑信息模型整体结构的要求进行信息的组织与存储。

(10) 任务信息模型应具有完成任务的基本信息,并应满足建筑工程相关法律、法规、专业标准及管理流程的规定。

(11) 任务信息模型宜根据任务需求和有关标准确定模型元素、描述细度以及应包含的信息,宜按照模型整体结构组织和存储模型信息。

(12) 各阶段的所有任务信息模型应协调一致,并可在项目策划与规划、勘察与设计、施工与监理、运行与维护、改造与拆除等阶段之间共享。

(13) 任务信息模型应满足交付要求。

(14) 模型结构应根据任务需要,扩充任务信息模型或模型元素的种类及相关信息。

(15) 新增和扩展的任务信息模型应与其他任务信息模型协调一致。

(16) 模型元素的种类增加宜采用实体扩展方式;模型元素的信息扩展宜采用属性或属性集扩展方式。

(17)模型扩展不应改变原有模型结构。

### 6.4.5　数据互用

(1)任务信息模型应满足工程项目全生命期各个阶段各个相关方协同工作的需要,包括信息的获取、更新、修改和管理。

(2)工程项目全生命期的各个阶段和各个任务宜共享模型的共性元素。

(3)模型及相关信息应记录信息所有权的状态、信息的建立者与编辑者、建立和编辑的时间以及所使用的软件工具及版本等。

(4)项目相关方应商定模型的数据互用协议,明确模型互用的内容、格式等。

(5)模型数据交付前,应进行正确性、协调性和一致性检查,并应满足下列要求:

①模型数据已经过审核、清理。

②模型数据是最新版本。

③模型数据内容和格式符合项目的数据互用协议。

(6)任务相关方应根据任务需求商定数据互用的内容,数据互用的内容应满足下列要求:

①包含任务承担方接收的模型数据。

②包含任务承担方交付的模型数据。

③明确互用数据的详细程度,详细程度应满足完成任务所需的最小信息量要求。

(7)任务相关方应根据交换的模型数据商定互用格式,数据互用格式应满足下列要求:

①互用数据的提供方应保证格式能够被数据接受方直接读取。

②三个及三个以上任务相关方之间的互用数据应采用相同格式。

③互用数据格式转换时,宜采用成熟的转换方式和转换工具。

(8)任务相关方应商定数据互用的验收条件。

(9)互用数据交付接收方前,应首先由提供方对模型数据及其生成的互用数据进行内部审核验收。

(10)数据接收方在使用互用数据前,应进行确认和核对。

(11)模型数据应进行分类和编码,并应满足数据互用的要求。

(12)模型数据应根据建筑信息模型应用和管理的需求存储。

(13)模型数据的存储可采用通用格式,也可采用任务相关方约定的格式,但均应满足数据互用的要求。

(14)模型数据的存储宜采用高效的方法和介质,并应满足数据安全的要求。

### 6.4.6　模型应用

(1)模型应用可包括单阶段多任务应用、跨阶段多任务应用和全生命期多任务应用。应逐步减少全生命期任务信息模型总数。

(2)数据环境应具有完善的数据存储与维护机制,保证数据安全。

(3)建筑信息模型应用前,应对全生命期各个阶段的任务信息模型种类和数量进行整体规划。

(4)各个任务信息模型应能集成为逻辑上唯一的项目部分或项目整体模型。

(5)宜设专人对任务信息模型及其业务流程进行管理和维护。

(6)任务承担方应根据完成任务需要建立任务信息模型。

(7)任务信息模型的建立和应用应利用前置任务积累的模型信息,并交付后置任务需要的模型信息。

(8)任务信息模型交付的互用信息,其数据格式应符合下列任一款的规定:

①由相关方自行协商确定的专用标准。

②采用开放的通用标准。

(9)各任务信息模型的交付成果应及时归档。

(10)应定期组织相关人员进行任务信息模型会审,并对其进行调整。

(11)工程项目各个阶段宜包含如下任务信息模型:

①策划与规划阶段宜包含项目策划、项目规划设计、项目规划报建等任务信息模型。

②勘察与设计阶段宜包含工程地质勘查、地基基础设计、建筑设计、结构设计、给水排水设计、供暖通风与空调设计、电气设计、智能化设计、幕墙设计、装饰装修设计、消防设计、风景园林设计、绿色建筑设计评价、施工图审查等任务信息模型。

涉及工程造价的任务信息模型应包含工程造价概算信息,工程造价概算应按工程建设现行全国统一定额及地方相关定额执行。

③施工与监理阶段宜包含地基基础施工、建筑结构施工、给水排水施工、供暖通风与空调施工、电气施工、智能化施工、幕墙施工、装饰装修施工、消防设施施工、园林绿化施工、屋面施工、电梯安装、绿色施工评价、施工监理、施工验收等任务信息模型。

涉及工程造价的任务信息模型应包含工程造价预算及决算管理信息,工程造价预算应按工程建设现行全国统一定额及地方相关定额执行。

涉及现场施工的任务信息模型应包含施工组织设计信息。

④运行与维护阶段宜包含建筑空间管理、结构构件与装饰装修材料维护、给水排水设施运行维护、供暖通风与空调设施运行维护、电气设施运行维护、智能化设施运行维护、消防设施运行维护、环境卫生与园林绿化维护等任务信息模型。

⑤改造与拆除阶段宜包含结构工程改造、机电工程改造、装饰工程改造、结构工程拆除、机电工程拆除等任务信息模型。

(12)任务信息模型应由任务承担方在完成任务的工作过程中同时建立,并应支持与本阶段其他任务的协同工作,且应能在项目全生命期各个阶段之间相互衔接、直接传递和应用。

(13)各个阶段宜根据业主需要建立业主信息模型。

(14)任务信息模型建立和应用前,任务相关方应针对各任务需求商定模型的建立和协调规则,及其共享和交换协议,明确模型互用的模式、范围、格式等,并应依此建立、编辑、共享、应用模型。

(15)项目全生命期各个阶段的任务信息模型应能通过协调,组合成为逻辑上唯一的本阶段项目部分或项目整体模型。

（16）同一阶段所有任务信息模型的交付互用信息应是唯一确定版本，宜由该阶段统一交付给其他阶段项目相关方。

#### 6.4.7 企业实施指引

（1）企业建筑信息模型实施应结合企业信息化战略确立建筑信息模型应用目标。

（2）企业实施建筑信息模型过程中，宜将建筑信息模型相关软件系统与企业管理系统相结合。

（3）项目相关企业应建立支持数据共享、协同工作的环境和条件，并结合项目相关方职责确定权限控制、版本控制及一致性控制机制。

（4）建筑信息模型实施应满足本企业建筑信息模型应用条件的相关要求。

（5）企业实施建筑信息模型应制定建筑信息模型实施策略文档，项目、阶段及任务信息模型实施策略文档应包含下列内容：

①项目概况、工作范围和进度，建筑信息模型应用的深度与范围。

②为所有建筑信息模型数据定义通用坐标系。

③项目应采用的数据标准，以及可能未遵循标准时的变通方式。

④完成项目将要使用的、本企业已有的 P-BIM 软件及其他软件协调，以及如何解决非 P-BIM 软件之间数据互用性的问题。

⑤使用非 P-BIM 软件应遵守的国家与地方法律法规、技术标准和管理规定。

⑥项目的领导方和其他核心协作团队，以及各方角色和职责。

⑦项目交付成果，以及要交付的格式。

⑧项目任务信息模型数据各部分的责任人。

⑨图纸和建筑信息模型数据的审核、确认流程。

⑩建筑信息模型数据交流方式，以及数据交换的频率和形式。

⑪包括企业内部和整个外部团队在内的所有团队共同进行模型会审的日期。

### 本章小结

本章主要介绍了 BIM 建模精度、IFC 标准和建筑信息模型应用统一标准，包括：LOD 理论简介、BIM 建模精度定义、IFC 标准框架、IFC 数据定义方式、IFC 实现方法及应用等；《建筑信息模型应用统一标准》的术语、规则和内容等，以加强读者对 BIM 标准及流程的理解。

### 思考与练习题

6-1 简述 BIM 建模精度定义和 LOD 理论。

6-2 《建筑信息模型应用统一标准》中，将建筑全生命周期划分为几个阶段，分别是什么？

# 第 7 章

# BIM 的未来

**本章要点**

(1) BIM 与建筑工业化的概念和特点，产业化住宅的概念，BIM 在建筑工业化中的应用。

(2) BIM＋VR、BIM＋GIS、BIM＋3D、BIM＋RFID、BIM＋3D 激光扫描和 BIM＋云技术等的拓展应用。

(3) 智能建造，智能建造与提高就业技能间关系。

**学习目标**

(1) 了解 BIM 与建筑工业化概念和特点、BIM 在建筑工业化中的应用。

(2) 了解 BIM＋VR、BIM＋GIS、BIM＋3D、BIM＋RFID、BIM＋3D 激光扫描和 BIM＋云技术等的拓展应用。

(3) 了解建筑业的发展方向是智能建造，学习智能建造知识与提高就业技能间关系。

## 7.1 BIM 与建筑工业化

我们知道，BIM 在不同阶段的应用都发挥了巨大的作用，提高了设计、施工、运维的实施管理效率，降低了成本。但目前全过程 BIM 应用环境仍然是传统的建造模式，虽然 BIM 改变了部分设计、施工、运维的过程，但是并没有改变建造过程的本质。

我国推行的建筑工业化改变了传统的建造模式，在这种集成化设计、工业化生产、装配化施工、一体化装修的现代化建造方式下，BIM 是否仍然会有价值？或者说 BIM 可否与建筑工业化进行一次完美的融合？答案是肯定的。通过本节的学习，我们可以了解到 BIM 与建筑工业化的完美结合，及其重大作用与价值。

## 7.1.1 建筑工业化概述

**1.建筑工业化的概念和特点**

建筑工业化是随西方工业革命出现的概念,工业革命使得造船、汽车生产等的效率大幅提升。随着欧洲兴起的新建筑运动,实行工厂预制、现场机械装配,逐步形成了建筑工业化最初的理论雏形。1974年,联合国出版的《政府逐步实现建筑工业化的政策和措施指引》中定义了"建筑工业化":按照大工业生产方式改造建筑业,使之逐步从手工业生产转向社会化大生产的过程。不同的国家由于生产力、经济水平、劳动力素质等条件的不同,对建筑工业化概念的理解也有所不同,见表7-1。

表7-1　　　　　　　　　不同国家对建筑工业化概念的理解

| 国家 | 对建筑工业化概念的理解 |
|---|---|
| 中国 | 以现代化的制造、运输、安装和科学管理的生产方式,代替传统建筑业中分散的、低水平的、低效率的手工业生产方式。它的主要标志是建筑设计标准化、构配件生产工厂化、施工机械化和组织管理科学化 |
| 美国 | 主体结构构件通用化,制品和设备的社会化生产和商品化供应,把规划、设计、制作、施工、资金管理等方面综合成一体 |
| 法国 | 构件生产机械化和施工安装机械化,施工计划明确化和建筑程序合理化,进行高效组织 |
| 英国 | 使用新材料和新的施工技术,工厂预制大型构件,提高施工机械化程度,同时还要求改进管理技术和施工组织,在设计中考虑制作和施工的要求 |
| 日本 | 在建筑体系和部品体系成套化、通用化和标准化的基础上,采用社会大生产的方法实现建筑的大规模生产 |

从表7-1可以发现,虽然各个国家对于建筑工业化的定义侧重点不同,但是基本上都包含了标准化设计、工厂化生产、机械化施工和科学化管理等特点,并逐步采用现代科学技术的新成果,以提高劳动生产率,加快建设速度,降低工程成本,提高工程质量。目前建筑工业化体系主要有大板建筑、框架轻板建筑和大模板建筑等。

(1)大板建筑

大板建筑是指使用大型墙板、大型楼板和大型屋面板等建成的建筑,其特点是除基础构件以外,地上的全部构件均为预制构件,通过装配整体式节点连接而成。

(2)框架轻板建筑

框架轻板建筑是以柱、梁、板组成的框架承重结构,是以轻型墙板为围护与分割构件的新型建筑形式。其特点是承重结构与围护结构分工明确,空间分割灵活,整体性好,特别适用于具有较大建筑空间的多层、高层建筑和大型公共建筑。

(3)大模板建筑

大模板建筑是指其内墙采用工具式大型模板现场浇注的钢筋混凝土墙板,外墙可以采用预制钢筋混凝土墙板、现砌砖墙或现场浇注钢筋混凝土墙板。其优点是整体性好,刚度大,劳动强度小,施工速度快,不需要大型预制厂,施工设备投资少,但现场浇注工程量大,施工组织较复杂。

建筑工业化的特点包括以下几方面：
(1)建筑设计的标准化与体系化

建筑设计标准化，是将建筑构件的类型、规格、质量、材料、尺度等规定统一标准，将其中建造量大、使用面积广、共性多、通用性强的建筑构配件及零部件、设备装置或建筑单元，经过综合研究编制成配套的标准设计图，进而汇编成建筑设计标准图集。标准化设计的基础是采用统一的建筑模数，减少建筑构配件的类型和规格，提高通用性。目前国家及各省出台了多部装配式建筑涉及的规范、标准、规程和图集。

建筑设计体系化是根据各地区的自然特点、材料供应和设计标准的不同要求，设计出多样化和系列化的定型构件与节点设计。建筑师在此基础上灵活选择不同的定型产品，组合出多样化的建筑体系。随着科学技术的进步，信息化被广泛地运用到工程设计中，尤其是 BIM 技术的应用，强大的信息共享、协同工作能力更有利于建立标准化的单元，实现工程项目运作工程中的高效、重复使用。

(2)建筑构配件生产的工厂化

工厂化生产是实现建筑工业化的主要环节，不仅仅是建筑构配件生产的工厂化，主体结构的工厂化才是最根本的关键。构配件的工厂化生产不仅解决了传统施工方式中主体结构施工精度不高、质量难以保证的问题，且在施工现场实现了绿色环保施工，减少了材料的浪费和对环境的破坏，最终推动了建筑工业化的发展。

(3)建筑施工的装配化和机械化

建筑设计的标准化、构配件生产的工厂化和产品的商品化，使建筑机械设备和专用设备得以充分开发应用。专业性强、技术性高的工程(如桩基、钢结构、张拉膜结构、预应力混凝土等项目)可由具有专用设备和技术的施工队伍承担，使建筑生产进一步走向专业化和社会化。

建筑施工的装配化和机械化具体包括：采用预制装配式结构，构配件生产完成后运到施工现场进行组装。在社会化大生产的今天，运用专业化、商品化的构配件生产方式，把工厂预制生产和现场工具式钢模板现浇结合起来，在生产和施工过程中充分利用机械化、半机械化工具和改良的技术，不断提高工业化住宅的机械化水平，有步骤地提高预制装配程度。

(4)结构一体化、管理集成化

在进行预制构件设计、生产时，预制构件中即包含各种主材以及外部装修材料，利用主体结构的一体化与装配施工一体化来完成。BIM 技术的广泛应用更有利于建筑的标准化、工业化和集约化发展，项目参与各方利用参数化信息模型进行协同作业，使得项目建设中参与人员在建造的不同阶段实现资料共享，改变传统建筑业中不同专业、不同行业间的不协调以及项目建造流程中信息传输不畅、部品设计与建造技术不融合的问题，为工程建设的精细化、高效率、高质量提供了有力保障。

**2.建筑工业化的国内外发展**

(1)美国建筑工业化的发展

美国发展建筑工业化的道路与其他国家不同，美国物质技术基础较好，商品经济发达，且未出现过欧洲国家在第二次世界大战后曾经遇到的房荒问题，因此美国并不太提倡

"建筑工业化",但它们的建筑业仍然是沿着建筑工业化道路发展的,而且已达到较高水平。这不仅反映在主体结构构件的通用化上,而且反映在各类制品和设备的社会化生产和商品化供应上。除工厂生产的活动房屋和成套供应的木框架结构的预制构配件外,其他混凝土构件与制品、轻质板材、室内外装修以及设备等产品十分丰富,达数万种,用户可以通过产品目录从市场上自由买到所需产品。

20世纪70年代至今,美国有混凝土制品厂3 000~4 000家,所提供的通用梁、柱、板、桩等预制构件共八大类五十余种产品,其中应用最广的是单T板、双T板、空心板和槽形板。这些构件的特点是结构性能好、用途多、通用性强,也易于机械化生产。美国建筑砌块制造业为了增强竞争力、扩大销路,立足于砌块品种的多样化,全国共有不同规格尺寸的砌块2 000多种,在建造建筑物时可不需要砖或填充其他材料。截止2020年,美国建筑工业化的产值占美国国民生产总值的8%~9%。建筑业从业人员有约600万,其中全职人员约400万,如算上建筑材料生产、运输和销售行业所雇用人员,建筑业就业者占全美国就业总数的16%。

(2)法国建筑工业化的发展

法国是欧洲建筑工业化开始比较早的国家之一,不仅发明了工业化全装配式大板的模板现浇工艺,还研发出了"结构-施工"建筑工业化体系。在这种体系之下,预制构件生产厂商可以通过构件二维图纸进行构件的加工生产,并可对构件模板进行不断修改调整,以满足预制构件的多样性。在满足多样性的同时,也建立了一套标准的模数体系,用于指导预制构件的标准化生产以及工业化项目的设计建造。除对建筑工业化的体系、标准的研究外,法国政府还建立了很多试点项目,以对研究的体系、标准进行实证应用。随着标准化通用体系的不断完善,法国逐步实现了建筑工业化发展的过渡,其预制混凝土结构体系应用也开始趋向成熟。

在法国建筑工业化体系中,主要还是预制混凝土构造体系,钢结构、木结构构造体系为次。利用框架或者板柱体系,通过结构构件与设备、装修工程等技术的提高,减少了预埋件,实现了焊接、螺栓连接等工法的推广并逐步向大跨度结构发展,实现了生产和施工质量的提高。与此同时,法国政府为了解决建筑工程项目的节能减排、环境保护等问题,颁布实施了相关激励政策以资助和引导建筑工程项目进一步向绿色、环保的方向发展。

法国的建筑工业化体系经过了近三十年的发展,逐步实现了建筑工业化体系的升级,通过工业化方式进行建造的建筑类型不仅包括住宅建筑,还有学校办公楼以及体育馆等较为大型复杂的公共建筑类型。

(3)德国建筑工业化的发展

在第二次世界大战中,德国很多地区的房屋建筑被毁坏,加上战后人口的急剧增长,人民的住房不足成为一个亟待解决的问题。因此,德国通过工业化的建造方式加快了住宅建筑的大规模重建,满足了战后重建的要求并对建筑工业化起到了极大的促进作用。到现阶段,德国在建筑工业化方面的相关技术已经成熟,所有的建筑部品以及装饰材料都可以在工厂里进行设计生产,然后针对不同类型的预制构件(预制外墙、预制楼板、预制楼梯等)进行分类和标记,采用全装配式施工方式,需要安装时便将有关构件运至现场,采用吊车或塔吊的方式进行吊装、就位和固定,既提高了建设速度,又缩短了工期。预制外墙采用保温隔热材料,及相应的装饰措施,实现了结构与装饰的一体化。屋内承重、非承重墙板,通过预留插座和管线洞口,为机电安装提供了基础。

德国的建筑工业化体系利用计算机进行辅助设计,创建相关的建筑模型,利用模型分析建筑材料的相关物理特性,然后由此来选择符合设计要求的建筑材料、装饰材料,对接缝处理处采用抗老化、抗折性能较高的液体防水材料,并且利用节能减排等环保技术,提高了预制构件的性能品质,从而在保证建筑质量的同时提升了建筑的可持续性,为用户提供了更好的使用环境。

(4) 日本建筑工业化的发展

日本由于国内多发地震,因此在20世纪70年代,在提高工业化建筑使用量的同时对增强建筑的抗震能力等方面也进行了深入的技术研究,并实现了住宅标准通用产品的生产体系,其中有1 418类部件已经取得了"优良住宅部品"相关认证,工业化建筑以预制装配式住宅为主要形式。而且制定了一系列的政策及措施,建立了专门的研发机构,建立了住宅的部品标准化固定体系,从不同角度引导并促进了建筑工业化发展。在推进规模化和产业化结构调整进程中,住宅产业经历了从标准化、多样化、工业化到集约化、信息化的不断演变和完善过程。截至2019年,日本新建装配式住宅中钢结构、木结构和钢筋混凝土结构的比例分别为88%、9%和3%。这与非装配式住宅产生鲜明的反差,2019年非装配式结构中有66%为木结构,钢筋混凝土结构、钢结构和其他建筑结构分别占30%、3%和1%。对于同种结构,采用装配式还是非装配式主要还是取决于经济性。虽然平均而言装配式每平方米建设费用要高于非装配式,但工厂化生产提升了建设速度,这非常适于大企业提高资金周转效率,强化盈利能力。

(5) 加拿大建筑工业化的发展

加拿大建筑工业化与美国发展相似,从20世纪20年代开始探索预制混凝土的开发和应用,到20世纪六七十年代该技术得到大面积普遍应用。目前装配式建筑在居住建筑、学校、医院、办公等公共建筑,停车库、单层工业厂房等其他建筑中得到广泛的应用。在工程实践中,大量应用大型预应力预制混凝土构件技术,使装配式建筑更能充分发挥其优越性。构件通用性较高,大城市多为装配式混凝土和钢结构,小镇多为钢或钢木结构。

(6) 新加坡建筑工业化的发展

新加坡是世界上公认的住宅问题解决较好的国家,其住宅多采用建筑工业化技术建造,其中,住宅政策及装配式住宅发展理念是促使其工业化建造方式得到广泛推广的原因。

截止2020年,新加坡开发出了15~30层的单元化装配式住宅,占全国总住宅数量的80%以上。通过平面的布局、部件尺寸和安装节点的重复性实现了以设计为核心的、施工过程工业化的配套融合,能确保建筑装配率达到70%。

在新加坡,80%的住宅由政府建造。装配式施工技术被广泛用于房屋建设,此类项目大部分为塔式或板式混凝土多高层建筑,其装配率达到70%。

(7) 我国建筑工业化的发展

我国建筑工业化起步较晚,直到20世纪五六十年代,预制构件才开始应用。从市场占有率来说,我国装配式建筑市场尚处于初级阶段,全国各地基本上集中在住宅工业化领域,尤其是保障性住房这一狭小地带,前期投入较大,生产规模很小,且短期之内还无法和传统现浇结构市场竞争。但随着国家和行业陆续出台相关发展目标和方针政策,面对全国各地向建筑产业现代化发展转型升级的迫切需求,我国各地20多个省市陆续出台扶持相关建筑产业发展政策,推进产业化基地和试点示范工程建设。相信随着技术的提高及管理水平的进步,装配式建筑将有广阔的市场与空间。以产业化住宅发展为例,我国主要经历了图7-1所示的几个阶段。

```
1994年,住宅科研设计领域率先提出了"中国住宅产业化"的概念,开启了住宅产业化的中国之路
          ↓
1998年,建设部专门成立了住宅产业化办公室,后改为建设部住宅产业促进中心,开始国家住宅产业化的顶层设计
          ↓
2000年,住宅产业集团联盟启动。有30多个国家的知名企业加盟,是住宅产业集团联盟动作的第一步,集团采购已经开始实施,并取得一定成效
          ↓
2006年,全国已批准建立了30多个不同类型的国家住宅产业化基地,通过国家住宅产业化基地的实施,总结经验,以点带面,全面推进住宅产业现代化
          ↓
2008年,北京万科假日风景B3、B4工业化楼开始构件吊装,成为北京地区第一批利用工业化技术建造并向市场销售的工业化商品住宅楼
          ↓
自2015年以来,国家出台了一系列政策鼓励装配式建筑的发展,装配式建筑井喷式发展,2019年全年,全国新开工装配式建筑高达41 800万平方米,较2016年增长360倍
```

图7-1 我国住宅产业化发展流程

总之,在目前经济发展趋缓和产业结构调整的大背景下,立足我国社会老龄化和产业工人不断减少的现实情况,建筑工业化是确保建筑产品质量、优化结构、提高效率、改善劳动条件、减少环境污染的出路之一。

**3. 产业化住宅**

建筑工业化是住宅产业化的核心。住宅产业化的概念,是在20世纪60年代末由日本最早提出的。所谓住宅产业化,是指住宅生产的工业化和现代化,可以将其通俗地理解为以"搭积木"的方式建造房子,像生产汽车一样生产房子,以提高住宅生产的劳动生产率,提高住宅的整体质量,降低成本,降低物耗。为此,联合国经济委员会对住宅产业化提出6条标准,即生产的连续性、生产物的标准化、生产过程的集成化、工程建设管理的规范化、生产的机械化、生产组织的一体化。

## 7.1.2 BIM在建筑工业化中的应用

**1. 建筑工业化与BIM技术**

虽然建筑工业化自身具有很多优点,但它在设计、生产及施工中的要求也很高。与传统浇筑混凝土建筑相比,设计要求更精细化,需要增加深化设计过程。预制构件在工厂加工生产,构件制造要求精确的加工图纸,同时构建的生产、运输计划需要密切配合施工计

划来编排。住宅产业化对于施工的要求也较严格,从构件的物料管理、储存,构件的拼装顺序、时程到施工作业的流水线等均需要妥善地规划。

高要求必然带来了一定的技术困难。在建筑工业化建造生命周期中,如果信息交换频繁,就很容易发生沟通不良、信息重复创建等传统建筑业存在的信息化技术问题,会形成建筑工业化实施的壁垒。在这样的背景下,引入BIM技术对住宅产业化进行设计、施工及管理,成为自然而又必然的选择。

建筑工业化工程项目的信息管理主要由业主、承包商以及分包商共同管理,涉及设计、制造、运输、安装以及成本、进度、质量等信息,信息量巨大,传递复杂。要使住宅产业化工程项目的信息管理高效有序,需要改变传统项目管理中对信息的处理,构建新的管理思路。

基于BIM技术的信息管理不仅为建筑工业化解决了信息创建、管理、传递的问题,而且BIM三维模型、装配模拟、采购、制造、运输、存放、安装的全过程跟踪等手段为建筑工业化建造的推广提供了技术保障。为了促进协同合作,提高工作效率,各参与方都应参与到基于BIM的管理框架中,如图7-2所示。

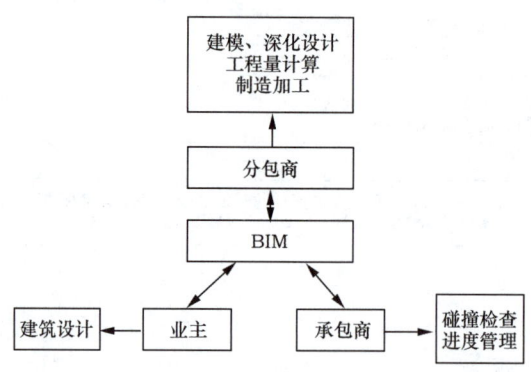

图7-2 基于BIM的建筑工业化工程项目管理框架

**2. 设计中的应用**

建筑工业化是采用预制构件拼装而成的,在设计过程中,必须将连续的结构体拆分成独立的构件,如预制梁、预制柱、预制楼板、预制墙体等,再对拆分好的构件进行配筋,并绘制单个构件的生产图纸。与传统浇筑建筑相比,这是产业化住宅建筑增加的设计流程,也是产业化住宅建筑深化设计过程。

建筑工业化的深化设计是在原设计施工图的基础上,结合预制构件制造及施工工艺的特点,对设计图纸进行细化、补充和完善。传统的设计过程是基于CAD软件的手工深化,主要依赖深化设计人员的经验,对每个构件进行深化设计,工作量大,效率低,而且很容易出错。将BIM技术应用于预制构件深化设计则可以避免以上问题,因为Revit软件具有三维设计特点,使结构设计师可以直观地感受构件内部的配筋情况,发现配筋中存在的问题。在三维视图中,可以清晰观察预制外墙与周围构件的空间关系,从而有效避免构件碰撞、连接件位置不合理等问题,其深化设计流程如图7-3所示。

导入BIM建筑模型 → 划分预制构件 → 参数化配筋 → 碰撞检查 → 图纸生成与工程量统计

图 7-3　基于 BIM 的深化设计流程图

(1) 参数化模块协同设计并快速建模

BIM 技术通常采用三维模式进行建筑、结构、设备建模,而参数化设计是 BIM 技术的核心特征之一。利用软件预设的规则体系进行模型参数化的构建,在工作流程和信息交换等方面改变了传统的设计方式和思维观念。在进行模块化设计之前,需要对建筑方案系统进行分析,把工程项目拆分为独立、可互换的模块。根据工程项目的实际需要,有针对性地对不同功能的单元模块进行优化与组合,精确设计出各种用途的新组合。建筑工业化中的预制构件、整体卫生间、幕墙系统、门窗系统等都是 BIM 模型的元素体现,这些元素本身都是小的系统。

根据建筑部品的标准化、模块化设计,利用 Revit 软件创建项目所需的族。建立完善的构件库,如预制外墙、预制梁、预制柱、预制楼梯、预制楼板等。在进行项目后续的建筑、结构、机电设计过程中,设计人员从创建好的构件库中选取所需要的标准构件到项目中,使一个个标准的构件搭装配成三维可视模型,最终提高住宅产业化设计的效率。

构件库组建完成后,随后将根据工程的实际情况对各模块进行模拟组装,创建建筑模型,从而得到建筑工业化的建筑模型。

(2) 预制构件拆分

Revit 软件中的结构模型是由建筑模型导入并修改而来的,但建筑模型中的楼板外墙等构件还都是一个整块,必须将连续的结构体拆分成独立的构件,以便深化加工。

预制构件的分割,必须考虑到结构力量的传递、建筑机能的维持、生产制造的合理、运输要求、节能保温、防风防水、耐久性等问题,达到全面性考虑的合理化设计。在满足建筑功能和结构安全要求的前提下,预制构件应符合模数协调原则,优化预制构件的尺寸,实现"少规格、多组合",减少预制构件的种类。

(3) 参数化构件配筋设计

构件拆分完毕后对所有的预制构件进行配筋。预制构件种类较多,配筋比较复杂,工作量相当大。但由于之前在建筑建模时 BIM 采用的是参数化模块设计,因此给后续的结构构件配筋带来了极大的方便和快捷。钢筋的参数化建模可以在 Revit 软件中开发自定义的、可满足预制构件配筋要求的参数化配筋节点。通过 Revit 软件开放的族库建立一系列的参数化配筋节点,并通过调整参数对构件钢筋及预埋件进行定型定位,实现对构件的参数化配筋,并将二次开发的参数化构件都保存在组件库中,供随时调用。通过参数化的方式配筋,简化了烦琐的配筋工作,保证了配筋的准确,提高了整体的效率。

(4) 碰撞检查

预制构件进行深化设计,其目的是保证每个构件到现场都能准确安装,不发生错漏碰缺。但是一栋普通产业化住宅的预制构件往往有数千个,要保证每个预制构件在现场拼装不发生问题,靠人工校对和筛查是很难完成的,而利用 BIM 技术可以快速准确地把可能在现场发生的冲突与碰撞事先消除。深化设计中的碰撞检测除了可发现构件之间是否存在干涉和碰撞外,主要是检测构件连接节点处的预留钢筋之间是否有冲突和碰撞,这种基于钢筋的碰撞检测要求更高,也更加精细化,可达到毫米级别精度。

在对钢筋进行碰撞检测时,为防止构件钢筋发生连锁碰撞冲突增加修改的难度,先对所有的配筋节点做碰撞检测,即在建立参数化配筋节点时进行检查,保证配筋节点钢筋没有碰撞,然后再基于整体配筋模型进行全面检测。对于发生碰撞的连接节点,调整好钢筋后还需要再次检测,这是由于连接节点处配筋比较复杂,精度要求又高,调整一根发生碰撞的钢筋后可能又会引起与其他节点钢筋的碰撞,需要在检测过程中不断调整,直到结果收敛为止。

对于结构模型的碰撞检测主要采用两种方式。第一种是直接在 3D 模型中实时漫游,既能宏观观察整个模型,也可微观检查结构的某一构件或节点,模型可精细到钢筋级别。第二种方式是通过 BIM 软件中自带的碰撞校核管理器进行碰撞检查,碰撞检查完成后,管理器对话框会显示所有的碰撞信息,包括碰撞的位置、碰撞对象的名称、材质、截面、碰撞的数量及类型、构件的 ID 等。软件提供了碰撞位置精确定位的功能,便于设计人员及时调整修改。

通过 BIM 技术进行碰撞检查,将只有专业设计人员才能看懂的复杂平面内容转化为一般工程人员很容易理解的形象 3D 模型,能够方便直观地判断可能的设计错误或者内容混淆的地方。通过 BIM 模型还能够有效解决在 2D 图纸上不易发现的设计盲点,找出关键点,为只能在现场解决的碰撞问题尽早地制订解决方案,降低施工成本,提高施工效率。

(5)图纸的自动生成与工程量统计

3D 模型和 2D 图纸是两种不同形式的建筑表示方法,3DBIM 模型不能直接用于预制构件的加工生产,需要将包含钢筋信息的 BIM 结构模型转换成 2D 加工图纸。Revit 软件能够基于 BIM 模型智能出图,可在配筋模型中直接绘制预制构件生产所需的加工图纸,模型与图纸关联对应,BIM 模型修改后,2D 图纸也会随模型更新。

①图纸的自动生成

产业化住宅预制构件多,深化设计的出图量大,采用传统方法手工出图工程量相当大,而且很难避免各种错误。利用 Revit 软件的智能出图和自动更新功能在完成了对图纸的模板定制工作后,可自动生成构件平、立、剖面图以及深化详图,整个出图过程不需要人工干预,而且有别于传统 CAD 创建的 2D 图纸,Revit 软件自动生成的图纸和模型是动态链接的,一旦模型数据发生修改,与其关联的所有图纸都将自动更新。图纸能精确表达构件相关钢筋的构造布置、各种钢筋弯起的做法、钢筋的用量等,可直接用于预制构件的生产。总体上预制构件自动出图完成率在 $80\%\sim90\%$。

同时,Revit 具有强大的图纸输出功能,能基于模型输出三维效果图,也能像 CAD 一样输出二维平面图、立面图及剖面图。在住宅产业化设计中,由于缺乏标准图集,目前住宅产业化设计需要对每个构件进行单独设计,工作量、出图量都很大。利用 Revit 软件绘制构件施工图时,软件能自动调出构件的基本信息,绘制构件施工图,大大减少了结构设计计师的工作量。设计单位利用 Revit 软件与构件厂商进行施工图纸对接,可以直观展示构件的三维模型,且无须进行图纸打印,准确度高,即使出现问题也能够及时方便地改变构件设计情况。

②工程量统计

在产业化住宅中,包括预制外墙、预制内墙、预制楼板以及钢筋混凝土叠合板,不同的构件有不同的截面、材质和型号,工程量在统计时工作量很大。

BIM能够辅助造价人员实现工程量统计,软件自动生成的钢筋、混凝土、门窗等明细表能方便造价人员进行工程量统计和工程概预算。

**3. 建造过程中的应用**

(1) 基于BIM的预制建筑信息管理平台设计

建筑工业化项目通过深化设计后就进入建造阶段。由于预制构件种类繁多、信息复杂,为了便于在建造过程中质量管理、生产过程控制,可以基于BIM规划建立PC建筑信息管理平台。通过平台系统采集和管理工程的信息,动态掌控构件预制生产进度、仓储情况以及现场施工进度。平台既能对预制构件进行跟踪识别,又能紧密结合BIM模型,实现建筑构件信息管理的自动化。

基于BIM的PC建筑信息管理平台,以预制构件为主线,贯穿PC深化设计、生产和建造过程。该管理平台集成了一个中心数据库和大管理模块,即BIM模型中心数据库以及深化信息管理模块、生产信息管理模块、施工信息管理模块。三大模块包含相应的系统及工作流程,如图7-4所示。

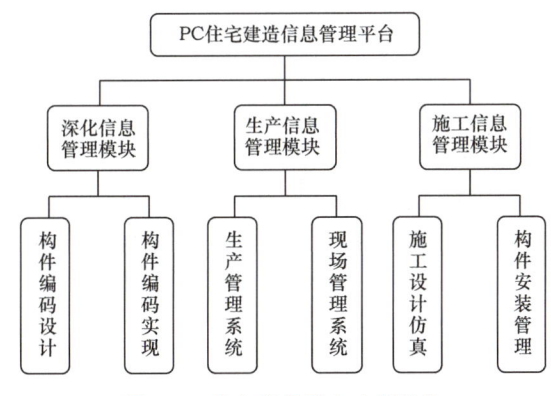

图7-4 信息管理平台功能模块

(2) 预制构件信息跟踪技术

产业化住宅建筑工程中使用的预制构件数量庞大,要想准确识别并管理每一个构件,就必须给每个构件赋予唯一编码,制定统一的编码体系。建立的编码体系根据实际工程需不仅能识别唯一的预制构件,而且能从编码中直接读取构件的位置等关键信息,兼顾了计算机信息管理以及人工识别的双重需要。

在深化设计阶段出图时,构件加工图纸需要通过二维码表达每个构件的编码。构件生产时由手持式读写器扫描图纸条形码就能完成构件编码的识别,这就加快了操作人员对构件信息的识别并减少错误。

在构件生产阶段,将RFID芯片植入构件中,并写入构件编码,就能完成对构件的唯一标记。通过RFID技术来实现构件跟踪管理和构件信息采集的自动化,提高工程管理效益。

(3)施工动态管理

预制构件需要在施工现场进行拼装,与传统工程相比,施工工艺比较复杂,工序比较多,因此需要对施工过程进行严格把控。

Navisworks 软件能够对基于实际施工组织设计方案的动态施工进行 4D 仿真模拟。将各构件安装的时间先后顺序信息输入 Navisworks 软件中,进行施工动态模拟,在虚拟环境下对项目建设进行精细化的模拟施工。在实际施工中,通过虚拟施工模拟,及时进行计划进度和实际进度对比分析,优化现场的资源配置。

通过可视化的模拟,施工人员在施工前直观地了解施工工序,掌握施工细节,查找项目施工中可能存在的动态干涉,提前优化起重机位置、行驶路径以及构件吊装计划,使现场施工过程更加科学有序。

## 7.2 BIM+新技术

BIM 作为信息交流平台,能集成建筑全过程各阶段、各方信息,支持多方、多人协作,实现及时沟通、紧密协作、有效管理,其应用与推广将对行业的科技进步与转型升级产生不可估量的影响。

但是,随着 BIM 技术在行业应用的不断推进,BIM 技术已从单一的 BIM 软件应用转向多软件集成应用方向,从桌面应用转向云端和移动客户端轻量化方向,从单项应用转向综合应用方向发展,并呈现出 BIM+的新特点。例如,BIM+VR、BIM+GIS、BIM+3D 打印、BIM+RFID、BIM+云技术、BIM+3D 激光扫描等技术的集成应用,使 BIM 应用在工程建设行业不断向纵深发展,给行业的工作方式和工作思路带来了革命性的改变。

### 7.2.1 BIM+VR 拓展应用

虚拟现实(Virtual Reality,VR),是由美国 VPL 公司创建人 Jaron Lanier 在 20 世纪 80 年代初提出的。其具体内涵是:综合利用计算机图形系统和各种现实及控制等接口设备,在计算机上生成的、可交互的三维环境中提供沉浸感觉的技术。BIM 是以建筑工程项目各项相关信息数据为基础进行建筑模型的建立,通过数字信息仿真模拟建筑物所具有的真实信息,具有可视化、协调性、模拟性、优化性和可出图性等五大特点。BIM 不但可以完成建筑全生命周期内所有信息数据的处理、共享与传递,其可视化的特点还让非建筑专业的人士看懂建筑。

**1.BIM+VR 的价值**

基于 BIM 技术创建的模型,在视觉展示上还存在着真实度不高的问题,而其与 VR 技术的结合,恰恰就能弥补 BIM 在视觉表现上的短板。以 BIM 技术的可视化为基础,配合以 VR 沉浸式体验,加强了具象性及交互功能,大大提升了 BIM 应用效果,如图 7-5 所示,从而推动其在工程项目中加速推广使用。BIM 技术与虚拟现实技术(VR)集成应用的核心价值包括以下四点。

图 7-5 BIM+VR 的体验

(1) 提高模拟的真实性

使用虚拟现实演示单体建筑、群体建筑乃至城市空间,可以让人以不同的角度去审视或欣赏其外部空间的动感形象及其平面布局特点。它所产生的融合性要比模型或效果图更形象、生动和完整。

传统的二维、三维表达方式,只能传递建筑物单一尺度的部分信息,而虚拟现实技术可展示一栋活生生的虚拟建筑物,使人产生身临其境之感,并可以将任意相关信息整合到已建立的虚拟场景中,进行多维模型信息联合模拟。可以实时、任意视角查看各种信息与模型关系,指导设计、施工、辅助监理、监测人员开发相关工作。

(2) 提升项目质量

在实际工程施工之前把建筑项目的施工过程在计算机上进行三维仿真演示,可以提前发现并避免在实际施工中可能遇到的各种问题,如管线碰撞、构件安装等,以便指导施工和制订最佳施工方案,从整体上提高建筑施工效果,确保建筑质量水平,消除安全隐患,并有助于降低施工成本与时间耗费。通过模拟建筑施工中大型构件运输、装配过程,可以检验此过程中是否存在物件的碰撞、干涉,是否因构件形变导致结构破坏等。通过虚拟施工建造过程,可以检查施工计划和施工技术的合理性和有效性。

(3) 提高模拟工作中可交互性

在建筑施工过程中,一般都会提出不同的施工方案。在虚报的三维场景中,可以实时切换不同的方案,在同一个观察点或同一个观察序列中感受不同的施工过程,有助于比较不同方案的特点与不足,以便进一步进行决策。利用虚拟现实技术不但能够对不同方案进行比较,而且可以对某个特定的局部进行修改,并实时与修改前的方案进行分析比较。

利用 BIM 技术建立建筑物的几何模型和施工过程模型,可以实现对施工方案进行实时、交互和逼真的模拟,进而对已有的施工方案进行验证和优化操作,逐步替代了传统的施工方案编制方法。

虚拟现实系统中,可以任意选择观察路径,逼真快捷地进行施工过程的修改,使施工工艺臻于完善。可以直接观察整个施工过程的三维虚拟环境,快速查看到不合理或者错误之处,避免在施工过程中的返工。场景中每个构件,都可进行独立的移动、隐藏等编辑操作。

(4) 多样化营销模式

工程项目建成以后,其受益如何就要看后期的营销了,营销手段的高明才能让建筑受益最大化。传统的宣传都是一种单薄的被动灌输性宣传,传播力和感染力非常有限,无论是效果图、动画还是沙盘,都无法使客户切身感受到景观效果。通过 BIM＋VR 技术,购房者不需要前往各售楼处实地看房,只需通过虚拟现实体验设备即可实际感知各地房源,让客户提前感受生活在其中的感觉。而对于开发商来说,VR 技术打破了传统的地产营销方式,让样板房不受局限,有更多发挥设计的空间。万科、绿地、碧桂园等开发商,已将 VR 技术运用在项目中作为售楼处的体验产品。

基于 BIM 技术与 VR 的结合,一方面能使看房者在虚拟的建筑环境中自由走动,体验真实环境中可以看到的实地景象,了解未来小区的园林绿化、休闲设施的一些基本情况,还可以俯瞰整个建筑环境,对小区周边规划有全面的了解。另一方面,可免除样板房参观现场组织之苦,又可避免真实样板房污损、变旧、易受环境影响等弊端。在虚拟样板间里,开关门会有对应的声音,电视和电脑画面会动态播放,金属和玻璃表面有自然的反射光泽。客户可以自由地摆放虚拟样板房中的家具,可以选择自己喜欢的装修风格,更换地毯、墙纸等。虚拟样板房还可以提供接近真实的光照模拟,让观看者直观感受到不同时段房间的光照情况。

**2.BIM＋VR 存在的问题**

BIM 技术与 VR 技术集成作为一门新兴学科,其理论和实践研究都处于初级阶段且涉及学科、专业众多,还存在很多问题。

(1)BIM 模型精度问题

BIM 模型的精度直接决定了虚拟施工的应用效果,如果前期建立的 BIM 模型不够精细,基于此模型实现的施工过程运维模拟结果就不准确,无法达到预期的效果。然而 BIM 模型的精细程度往往和时间成本相关联,因此目前模型精细度以及模型标准仍然是个不可避免的问题。

(2)BIM＋VR 的使用范围

BIM＋VR 技术并没有大范围使用,同时由于专业、人员、模型、环境的局限,对于基于 BIM 的项目应用以及和 VR 技术集成的探究应用尚浅。

(3)基于建筑领域开发较少

使用头盔显示器和数据采集手套等外部设备进入仿真的建筑物,这种方式能充分体现虚拟现实技术的价值,但是这方面的技术在建筑施工领域应用较少,目前针对建筑行业应用的 VR 开发也很少。

(4)缺乏行业标准

从技术角度上来说,BIM＋VR 能够实现对传统建筑模式的变革,但是由于现阶段各种主客观原因,还未能大力发展普及,并未形成行业标准。

**3.BIM＋VR 的发展趋势**

目前 VR 的实现要是依靠头盔显示器和数据采集手套等外部设备,用户利用这些设备来体验和参与到模拟中去,利用鼠标、键盘、语音和手势来对物体或是角色进行操控。同时需要配合 VR 开发引擎来实现 BIM 与 VR 的结合。现在也有越来越多的开发团队、设计施工企业、BIM 咨询企业等在 BIM 与 VR 的结合上进行尝试,未来的虚拟现实将会是一个充满着逼真互动体验的包罗万象的新世界,用户可以参与到具体情境中去,所有的一切将会异常真实、可信。

总之,虚拟施工技术在建筑领域的应用(BIM+VR)将是一个必然趋势,在未来的建筑设计及施工中的应用前景广阔。相信虚拟施工技术的发展和完善,必将推动我国工程建设行业迈入一个崭新的时代。

### 7.2.2　BIM+GIS 拓展应用

地理信息系统(Geographic Information System,GIS)是一门综合性学科,结合地理学与地图学以及遥感和计算机科学,已经广泛应用在不同的领域,是用于输入、存储、查询、分析和显示地理数据的计算机系统。随着 GIS 的发展,也有人称 GIS 为"地理信息科学"(Geographic Information Science),近年来,也有人称 GIS 为"地理信息服务"(Geographic Information Service)。总之,GIS 是一种基于计算机的可以对空间信息进行分析和处理的技术。

**1. BIM+GIS 的价值**

目前 GIS 技术的应用大部分以城市级的地形、地貌、建筑物及构筑物的数据采集、分析为主,却不能够对建筑物及建筑物内部的相关数据进行采集分析,而通过 BIM 技术就可以获取建筑物内部的相关数据信息,而且能做到构件级的数据管理。换言之,就是 GIS 解决了大范围的数据采集分析问题,BIM 解决了精细化的数据采集和管理问题,BIM+GIS 将会为城市级的空间数据管理提供有力的技术保障。

(1) 三维城市建模

城市建筑类型各具特色,外形尺寸不同,外部颜色纹理不同,还有障碍物阻挡等。如果是"航测+地面摄影",后期需要人工做大量贴图。如果是用价格昂贵的激光雷达扫描,成本太高而且生成的建筑模型都是"空壳",没有建筑室内信息,同时室内三维建模工作量也不小,并且无法进行室内空间信息的查询和分析。通过 BIM,则很容易得到建筑的精确高度、外观尺寸以及内部空间信息。因此,综合 BIM 和 GIS 的三维城市建模(图 7-6),利用 BIM 模型数据,把建筑空间信息与其周围地理环境共享,应用到城市三维 GIS 分析中,就极大降低了建筑空间信息的成本。

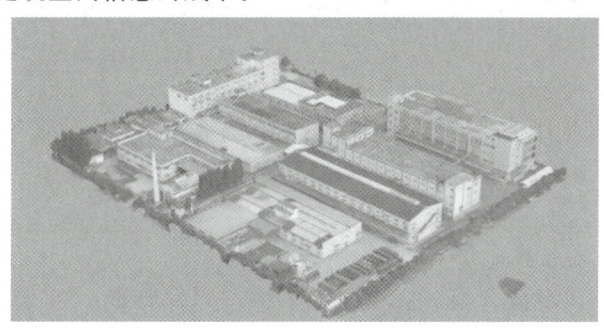

图 7-6　综合 BIM 和 GIS 的三维城市建模

同时,BIM 与 GIS 集成应用,可提高长线工程和大规模区域性工程的管理能力。BIM 的应用对象往往是单个建筑物,利用 GIS 宏观尺度上的功能,可将 BIM 的应用范围扩展到道路、铁路、隧道、水电、港口等工程领域。如邢汾高速公路项目开展 BIM 与 GIS

集成应用，实现了基于GIS的全线宏观管理、基于BIM的标段管理以及与桥隧精细管理相结合的多层次施工管理。

(2)市政管线管理

通过BIM和GIS融合可以有效地进行楼内和地下管线的三维模型，并可以模拟冬季供暖时热能传导路线，以检测热能对其附近管线的影响，或是当管线出现破裂时使用疏通引导方案可避免人员伤亡及能源浪费。以BIM提供的精细建筑模型为载体，利用GIS来管理地下管线的位置等信息，可以提高管理的自动化水平和准确性，不会出现管线管理不明，或是不在它该在的位置这种尴尬情况。

同时，BIM与GIS集成应用可增强大规模公共设施的管理能力。现阶段，BIM应用主要集中在设计、施工阶段，而二者集成应用可解决大型公共建筑、市政及基础设施的运维管理，将BIM应用延伸到运维阶段。如昆明新机场项目将二者集成应用，成功开发了机场航站楼运维管理系统，实现了航站楼物业、机电、流程、库存报修与巡检等日常运维管理和信息动态查询。

(3)室内导航

现在行业中都想解决室内定位这一难题，但是大多关注的都是定位的手段，如到底是Wi-Fi、蓝牙、红外线还是近场通信等，但是室内的地图一般都是建筑的二维电子图来生成的，甚至只是示意图。室外的地图导航都开始真三维化了，室内导航还用二维线条，相比之下略显失色。但是如果有BIM，这一问题就能迎刃而解，通过BIM提供的建筑内部模型配合定位技术可以进行三维导航。例如，某公司为央视新大楼开发的室内导航系统，就是利用了BIM和GIS，可以为员工进行跨楼层、跨楼体的导航。同时也可以在模拟突发事件时，事先规划预演员工的疏散路线等情况，这将极大降低因灾害引起的人员伤亡。

**2.BIM＋GIS存在的问题**

BIM和GIS的整合不是一件简单的事，尤其是对于数据标准的建设、BIM与GIS的结合方式、BIM及GIS与协同平台的建设，主要体现在如下两个方面。

(1)两者对图形表达的数据结构完全不同

GIS用的是点、线、面(点有坐标，线有两点，面分三角形、三角带、环等几种)，可以方便地表示大量种类的图形；而BIM对图形是基于一种关于Swipe和Extrude的理论(拉伸融合的理论)。

(2)两者对信息的储存结构完全不同

GIS使用空间数据库，点、线、面、体功能分明，有各自的角色和属性，空间数据库可存储的数据量巨大，有强大的分级优化功能；而BIM存储数据使用的是文件系统，优点在于细节与对象属性的描述。

**3.BIM＋GIS发展趋势**

无疑，BIM与GIS的融合是未来BIM与GIS技术发展的方向，未来GIS一定会越来越关注提示细节，而BIM也会加强对大数据量项目的支撑，甚至能发展出特殊的数据库，同时，随着城市的扩展发展，城市信息系统越来越复杂，BIM＋GIS可以成为智慧城市成熟的技术融合，包含精准的城市三维建模，发达的城市传感网络，实现城市人流、车流监控等。BIM＋GIS的融合既是社会与科技发展的必然趋势，也是信息化发展的必经之路。

### 7.2.3　BIM+3D打印拓展应用

"3D打印"的学名为"快速成型技术"或者说"增材制造技术",是一种通过材料逐层添加制造三维物体的变革性、数字化增材制造技术。也可以说是一种不需要传统刀具、夹具和机床就可以打造出任意形状,根据零件或物体的三维模型数据通过成型设备以材料累加的方式制成实物模型的技术。

3D打印通常是通过数字技术材料打印机来实现的。常在模具制造、工业设计等领域被用于制造模型,后逐渐用于一些产品的直接制造,已经有使用这种技术打印而成的零部件。该技术在珠宝、鞋类、工业设计、建筑、工程和施工、汽车、航空航天、牙科和医疗产业、教育、地理信息系统、土木工程、枪支以及其他领域都有所应用。

BIM技术提供了三维信息化建筑模型,将数据提供给3D打印机,3D打印机即对目标模型进行制作。3D打印建筑物的技术原理是将混凝土等建筑材料通过3D打印机的喷头挤出,采用连续打印、层层叠加的方式进行建造的新型建造模式。

2015年9月9日,刘易斯大酒店的老板Lewis Yakich宣称,他已经成功地使用3D技术打印出了他的建筑(图7-7)。这是一栋小别墅,占地范围为10.5 m×12.5 m,高3 m。这个别墅有两间卧室、一间客厅以及一间带按摩浴缸的房间(按摩浴缸也是3D打印而成的),所有这些都是刘易斯大酒店的一部分。据统计,完成所有结构的打印总共花了100 h,但是打印过程并不是连续的。

图7-7　3D打印全球首个商业建筑:别墅式酒店

**1.BIM+3D打印的价值**

BIM技术与3D打印技术两种革命性技术的结合,为从方案到实物的过程开辟了一条快速通道,同时也为复杂构件的加工制作提供了更高效的方案。目前BIM与3D打印主要应用在如下三个方面:

(1)基于BIM的整体建筑3D打印

应用BIM进行建筑设计,设计模型处理后直接交付专用的3D打印机进行整体打印,建筑物可以很快被打印出来,建造一栋简单建筑的时间大大缩短。通过3D打印技术建造房屋,只需要很少的人力投入。同时,3D打印是"增材制造"技术,其作业过程基本不会产生扬尘和建筑垃圾,是一种绿色和环保的工艺,在节能降耗和环境保护方面较传统工艺有明显优势。

(2)基于 BIM 和 3D 打印复杂构件

传统工艺制作复杂构件，受人为因素影响较大，精度和美观度方面有所偏差不可避免，而 3D 打印机由电脑操控，只要有数据支撑，便可将任何复杂的异形构件快速、精确地制造出来。利用 BIM 技术和 3D 打印技术结合起来进行复杂构件制作，不再需要复杂的工艺、措施和模具，只需将构件的 BIM 模型发送到 3D 打印机，短时间内即可将复杂构件打印出来，少量的复杂构件用 3D 打印的方式，大大缩短了加工周期且降低了成本。3D 打印的精度非常高，可以保障复杂异形构件几何尺寸的准确性和实体质量。

(3)基于 BIM 和 3D 打印施工方案实物展示

通过将 BIM 模型与施工方案或施工部署进行集成，然后利用三维模型进行展示交流、交底，这是非常实用的一种应用手段。结合 3D 打印技术打印实物模型可以将应用效果发挥到更佳。用 3D 打印制作的施工方案微缩模型，可以辅助施工人员更为直观地理解方案内容。而且它携带、展示都不需要依赖计算机或其他硬件设备，同时实体模型可以360°全视角观察，克服了打印 3D 图片和三维视频角度单一的缺点。

**2. BIM＋3D 打印存在的问题**

3D 打印微缩 BIM 模型的应用已较为成熟，一些实际工程项目也已经开始尝试使用 3D 打印的异形构件，但是基于 BIM 技术和 3D 打印技术集成建造实际建筑还处于探索和试验阶段，仍然存在以下几个问题：

(1)缺少相关 3D 打印建筑规范

3D 打印建筑还处于研究试验阶段，目前没有 3D 打印建筑的相关规范，所以 3D 打印建筑还不具备应用于一般建筑的条件。现阶段的 3D 打印建筑还未很好地解决结构和构件配筋的问题，这不但制约了可打印建筑的高度，也使各界对其结构安全性有较多疑虑。

(2)BIM 与 3D 打印缺少数据接口规范

3D 打印技术正处于快速发展的阶段，3D 打印机的数据格式在国际上没有统一的标准。虽然 STL 被业界默认为统一格式，但是 STL 格式标准制定于 20 世纪 80 年代，随着 3D 打印技术的发展，其不能存储颜色、材料及内部结构等信息的缺陷日益凸显，而新的数据格式 AMF(Additive Manufacturing File)等信息的缺陷日益凸显，还未获得广泛认可。用于建筑行业的 3D 打印机多为自主开发，数据格式更加混乱，部分企业甚至还将其作为核心机密予以保护，这就使得制定 BIM 模型与 3D 打印机统一的数据接口十分困难，制约了 BIM 技术与 3D 打印技术的融合。

(3)打印设备的制约

3D 打印机自身尺寸决定了最大打印尺寸，建筑的构件与其他产品的零部件相比，一个显著的特点就是尺寸大。打印全尺寸的构件或整体建筑，使用的 3D 打印机尺寸比较大，设备制造的难度和成本也相应增加。目前打印高层建筑的难题仍未解决。建筑产品的使用地就是建筑的施工现场，3D 打印机需要异地运输、安装，对打印机的精度也有一定的影响。

BIM 技术和 3D 打印技术的集成应用还有不少路要走,在此过程中,不可避免地存在各种各样的问题,这也是任何新技术发展、成熟的必经阶段。

### 3.BIM+3D 打印发展趋势

作为两种变革性的新技术,可以预见,在今后很长一段时间内 BIM 技术和 3D 打印技术仍然会被人们广泛关注。由于看好这两种技术所表现出来的广阔应用前景,许多国家纷纷加快研究和应用的步伐。随着技术的发展,现阶段 BIM 技术与 3D 打印技术集成所存在的许多技术问题将会得到解决。3D 打印机和打印材料的价格也会趋于合理,应用成本下降会扩大 3D 打印技术的应用范围和数量,进而促进 3D 打印技术的进步。随着 3D 打印技术的成熟,施工行业的自动化水平也会得到大幅提高。

虽然在普通民用建筑大批量生产的效率和经济性方面,3D 打印建筑较工业化预制生产没有优势,但是在个性化、小数量的建筑上,3D 打印的优势非常明显。随着个性化定制建筑市场的兴起,3D 打印建筑在这一领域的市场前景非常广阔。

## 7.2.4　BIM+RFID 拓展应用

无线射频识别技术(Radio Frequency Identification,RFID)是一种通信技术,可通过无线信号识别特定目标并读写相关数据,而不需要识别系统与特定目标之间建立机械或光学接触。RFID 通过非接触的方式进行信息读取,不受遮挡影响,而且安全、可重复使用,目前多应用于身份识别、门禁控制、供应链和库存跟踪、资产管理等方面。

随着我国住宅产业化的深入推动,对于建筑物的建造方式也提出了新的方向,装配式建筑将会成为建筑业未来的发展方向。装配式建筑的建造过程涉及的部品、构件种类繁多,项目参与方众多,信息分散在不同的参与方手中,在预制、运输、组装的过程中极易发生混淆导致返工,造成巨大损失,极大地影响了建筑产业化的生产效率和经济效益。BIM 技术提供了构件的几何信息、材料、结构属性以及其他相关数据,且每一个构件对应一个固定的 ID,预制构件的所有信息均可由 BIM 技术进行收集,如图 7-8 所示。

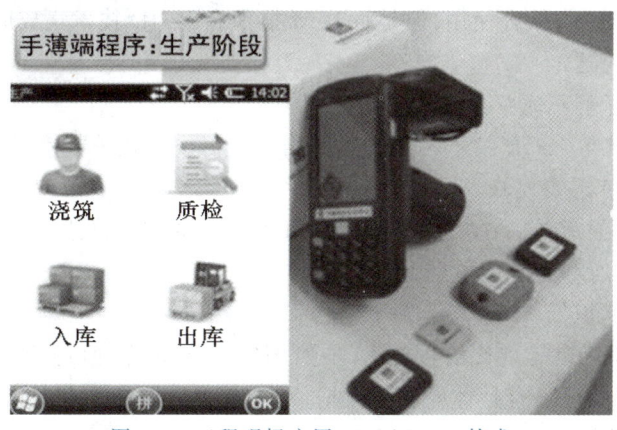

图 7-8　工程现场应用 BIM+RFID 技术

**1. BIM＋RFID 的价值**

将 BIM 与 RFID 进行结合，能对项目过程中的各种构件信息进行管理，如对材料进场、搬运等过程进行更加有效的监管。同时，由于有 RFID 芯片植入，对于构件制作、运输、存储和吊装具有如下作用：

(1) 在构件的生产制造阶段

在构件的生产制造阶段需要对构件置入 RFID 标签，标签内包含有构件单元的各种信息，以便于在运输、存储、施工吊装的过程中对构件进行管理。RFID 标签编码要保证构件单元对应唯一的代码标识，确保其在生产、运输、吊装施工。

(2) 在构件的生产运输过程中

以 BIM 模型建立的数据库作为数据基础，将 RFID 收集到的信息及时传递到基础数据库中，并通过定义好的位置属性和进度属性与模型相匹配。此外，通过 RFID 反馈的信息，精准预测构件是否能按计划进场，做出实际进度与计划进度对比分析。如有偏差，适时调整进度计划或施工工序，避免出现窝工或构配件的堆积，以及场地和资金占用等情况。

(3) 构配件入场及存储管理阶段

构配件入场时，RFID Reader 读取到的构件信息传递到数据库中，并与 BIM 模型中的位置属性和进度属性相匹配，保证信息的准确性，同时通过 BIM 模型中定义的构件的位置属性，可以明确显示各构件所处区域位置，在构件或材料存放时做到构配件点对点堆放，避免一次搬运。

(4) 构件吊装阶段

若只有 BIM 模型，单纯地靠人工输入吊装信息，则不仅容易出错而且不利于信息的及时传递。若只有 RFID，则只能在数据库中查看构件信息，通过二维图纸进行抽象的想象，通过个人的主观判断，其结果可能不尽相同。BIM 与 RFID 的结合有利于信息的及时传递，从具体的三维视图中呈现及时的进度对比和模拟分析。

**2. BIM＋RFID 存在的问题**

虽然 BIM＋RFID 在装配式建筑中拥有巨大的价值，一些实际工程项目也已经开始尝试将 BIM 与 RFID 相结合使用，但是将 BIM 技术和 RFID 技术集成应用于在建筑工程中，仍然存在以下问题：

(1) 相关技术标准不完善

关于 BIM 技术与 RFID 技术相结合的数据接口仍没有相关标准，国外相关的技术标准较为完善，国内则比较欠缺。不同企业根据自己的需求去探索应用 BIM 和 RFID 技术，其通用性不足，没有统一的实施方案。BIM 和 RFID 技术推进信息交流和共享，BIM 标准的制定需要政府和整个行业的共同参与。

(2) 行业应用意识低

对于 BIM 和 RFID 等现代信息技术，虽然国家大力支持，但行业内在这方面的应用意识较低。由于目前还没有具体的收益数据，对未来收益的多少存在风险。

(3) 信息不流通

我国建筑业分设计、施工、运营维护等多个阶段，各阶段又分为设备安装等多个专业，各阶段各专业的利益主体不同,相互间的利益关系不一样,各利益主体间为了最大限度地保护自己的利益,不愿意将自己的信息共享,这在很大程度上阻碍了信息的流通。

#### 3.BIM＋RFID 发展趋势

BIM 技术作为建筑业发展的重要技术变革,将成为推动装配式建筑发展的新动力,借助 BIM 技术,可以避免装配式建筑在施工过程中的"错、漏、碰、缺"。结合 BIM 技术与 RFID 技术,通过信息集成,快速进行进度分析和模拟对比,进一步优化资源、工期配置,顺利完成工程目标。

因此,基于 BIM 与 RFID 技术集成的建筑应用,有助于提升装配式建筑施工管理水平,融入更多先进理论的 BIM 与 RFID 技术的深度集成是未来装配式建筑发展的主要方向。

### 7.2.5　BIM＋3D 激光扫描拓展应用

三维(3D)激光扫描技术是利用激光测距的原理,密集地记录目标物体的表面三维坐标、反射率和纹理信息,对整个空间进行的三维测量。传统的测量手段如全站仪、GPS 都是单点测量,通过测量物体的特征点,然后将特征点连线的方式反映所测物体的信息。当所测物体是规则结构时,这种测量方法是适合的,但当所测物体是复杂曲面结构体时,传统测量手段就无法准确地表达物体的结构信息,这时可以采用三维激光扫描技术。

#### 1.BIM＋3D 激光扫描的价值

BIM 技术和 3D 激光扫描技术集成越来越多地应用在文物古迹保护、工程施工等领域。

(1)文物古迹保护

随着科技的进步,对文物古迹的保护也越来越多地利用现代科技手段,三维激光扫描技术作为一种高科技技术为我国文化遗产的保护工作带来了革命性的影响。广东新会书院,坐北朝南,是现今广东保存最完好、规划最宏大、工艺最精湛的具有晚清岭南祠堂风格的传统建筑。

对于新会书院的三维扫描作业,工作人员将使用 Trimble TX8 三维扫描仪对修缮后的建筑进行三维扫描,扫描原始数据采用 Trimble RealWorks 专业点云后处理软件进行自动快速拼接,再用 Revit、CAD 等软件直接快速导入点云数据进行建模。基于扫描仪的三维点云数据,利用 Geomagic 软件对佛像进行三维建模,分别需要进行抽稀、去噪、删除孤点、统一采样、封装、补洞、合并等步骤,最后生成三维模型。对新会书院的三维信息采集工作,通过快速三维激光扫描技术完美地反映建筑中木雕、石雕、砖雕、陶塑、灰塑、彩绘和铜铁铸造不同风格工艺装饰的四凸曲面。

(2)施工质量检测

施工过程中,BIM 模型需要和竣工图纸(或最新版本的施工深化图纸)保持一致。在现场通过 3D 激光扫描,并将扫描结果和模型进行对比,可帮助检查现场施工情况和模型及图纸的对比关系,从而找出现场施工问题。

此类应用目前较多,通过现场的正向施工,配合 3D 激光扫描形成的点云建立 BIM 模型,和设计 BIM 模型对比进行逆向检测,对于施工有误的地方进行整改,从而形成良性循环,不断优化现场施工情况,如图 7-9 所示。

图7-9 利用三维激光扫描仪获得的点云数据

(3)钢结构预拼装

在传统方式下,钢结构构件生产成型后,需要在一个较大的空间内进行构件预拼装,确认无误之后运输到施工现场进行钢构吊装。如果预拼装出现问题,则需要对问题构件进行加工处理,再次预拼装无误后才使用。而有了3D激光扫描技术后,通过对各钢结构构件进行3D扫描,将生成的数据在电脑中预拼装,对有问题的构件进行直接调整。此种方式下的工作,无论是实际空间的节省上,还是预拼装的精确度和效率上,都较传统方式有着明显的提高。

(4)土方开挖量的测算

土方开挖工程中,土方工程量较难进行统计测算,而开挖完成后通过3D激光扫描现场基坑,然后基于点云数据进行3D建模后,便可快速通过BIM软件进行实际模型体积的测算及现场基坑的实际挖掘土方量的计算。此外,通过和设计模型进行对比,也可直观了解到基坑挖掘质量等其他信息。

**2.BIM+3D激光扫描存在的问题**

尽管3D扫描以其高精度、数字化操作方式等特性在上述项目中提供了较高的价值,但也存在以下问题。

(1)成本相对较高

无论是3D扫描仪本身,还是提供咨询服务的团队价格均较为昂贵,导致了有些项目在预算有限的情况下难以采用这项技术。

(2)效率有限

具体实施过程分为外业数据采集和内业数据处理等阶段,尤其是业内处理时间一般较长,而类似上海中心大厦这样的大体量复杂项目,难以在规定的时间内进行全楼扫描,这也是上海中心大厦只进行了部分楼层扫描测试的原因之一。

(3)隐蔽工程扫描较困难

由于现场扫描环境千差万别,如一些施工场地中,有些隐蔽工程中的管线和设备通过常规方法就很难扫描,这也对不同的3D扫描仪提出了更多的要求。

针对上述问题,随着3D扫描仪的大规模应用,从业人员的技术娴熟和数量增多,扫描仪的精度更加精细、携带更加轻便、扫描方式更加先进等方向发展,这些问题都会迎刃而解,3D扫描技术也会被越来越多的行业人员所掌握和使用。

**3. BIM+3D 激光扫描发展趋势**

3D 扫描技术有着广阔的应用前景,除了继续发挥其高精度、数字化操作等优势外,3D 扫描技术应用有以下几个发展方向。

(1) 与 GIS 结合

3D 扫描技术可以为建筑物提供真实的现场 3D 数据信息,作为整个 GIS 平台的数据基础,在实现智慧社区、智慧城市方面可提供巨大帮助。

(2) 与 3D 打印结合

借助于 3D 扫描与 3D 打印集成应用,可实现实体打印物的快速建模,提高 3D 打印模型的效率。

### 7.2.6 BIM+云技术拓展应用

云计算(Cloud Computing)是基于互联网的相关服务的增加、使用和交付模式,通常涉及通过互联网来提供动态易扩展且经常是虚报化的资源。云计算有以下两个突出优点。

(1) 成本低

由于云服务是按需部署,用户可以轻松扩展,不用担心不可预测的初始投资。与此同时用户只为所使用的部分付费,降低运营成本,还可以解放许多技术人力。

(2) 使用便捷

由于信息技术的应用位于互联网上,用户只要能连上网络就可工作。因此,云计算提高了用户与不同地点的顾问、供应商以及合作伙伴的合作与协同。

云计算带给企业的将是商业模式的转变,也包括建筑行业。云计算在 BIM 中的应用正处于起步阶段,但其巨大的潜力已被认可。第一,软件供应商可以创建的工具和云部署的系统,以吸引更广泛的用户群;第二,许多项目的功能在云基础架构的优势上可以重新设计,同时还可以发明新的功能;第三,使用云基础的项目服务可以轻易扩展,降低前期成本和总成本;第四,使用云服务有助于打破不同进程之间的壁垒,通过实施集成的工作流程和项目范围内的协调可保证项目完整性。

**1. BIM+云技术的价值**

BIM 技术与云计算技术进行集成应用,能够有效提升 BIM 技术的应用空间和应用成效,对于工程项目协同工作效率的提升具有重要的价值,体现在如下几方面:

(1) 实现 BIM 模型的信息共享,提升多方协同工作效率

BIM 是一个共享的知识资源,BIM 技术在工程项目的应用过程中,不可避免地会涉及项目团队成员间的信息共享及协同工作等需求。由于工程项目具有走动式办公的特点,并且参与方众多,项目成员通常归属于不同的组织、地域。传统的项目管理信息化系统在面对基于项目的跨组织协作时面临着一系列的挑战,如跨企业的成员管理和授权、跨防火墙的外网访问等。在项目实践中,项目团队不得不利用 QQ、公共邮箱、FTP 等工具来共享模型文件,因为这种离散的信息共享模式存在低效率和不安全等问题,如各方获得的文件版本不一致、项目文件被非授权人员获取等。

云计算为 BIM 模型信息的多方共享与协同工作提供了基础环境。通过在云端创建虚拟的项目环境并集中管理项目的 BIM 模型数据,项目各方能够安全、受控、对等地访问

保存在云端虚拟项目环境中的模型文档和数据,并在各参与方之间实现构件级别的协同工作。此外,云计算的"多租户"机制支持多项目运行,使得各参与方能够基于统一的平台同时参与多个项目,并避免项目之间的相互影响。

(2)拓展BIM技术在施工现场的应用能力

应用BIM技术需要强大的数据存储和处理能力作为支撑,受现场环境和设备条件的限制,BIM技术在施工现场的应用也受到限制。依托云计算技术,BIM模型可以直接保存在云端,同时将客户端BIM软件的计算工作移到云端进行,充分利用强大计算能力对其进行处理转换,解放了客户端,使得用户可以通过任意移动终端(包括浏览器、手机等)访问到BIM模型数据,如图7-10所示。云计算技术让用户能够摆脱环境的限制,在施工现场也能及时获取所需BIM模型。此外,利用移动终端的拍照、视频、语音、定位等工具,施工现场的信息能够被及时采集并与BIM模型进行集成,从而在数字模型与物理模型间建立一条链路,这也为BIM模型在施工现场的应用创新提供了更多可能性。

图 7-10　BIM＋云应用于施工现场

(3)降低了BIM技术应用的条件

BIM技术应用需要有较大的资金、设备、人员和时间投入。云计算以服务租赁的方式向客户提供BIM技术,能够有效降低BIM技术的应用门槛,让BIM技术应用惠及数量众多的中小型工程项目。

**2.BIM＋云技术存在的问题**

BIM技术与云计算集成应用方面还存在下列问题。

(1)施工现场网络基础设施不完善

云计算能够将BIM能力延伸到施工现场,但需要有良好的网络带宽条件作为支撑。然而,目前我国大部分施工现场都缺乏联网条件,移动4G网络的覆盖度和资费标准也不足以满足使用需求。除了从应用层面进行机制创新(如增加对离线场景的支撑等)外,正在全面加强的网络基础设施建设才是根本的解决之道。

(2)对安全性和隐私性的顾虑

我国云计算产业尚处于发展初期,相应的配套机制和管理体制还不够完善。因此,行业用户对于公有云服务的安全性和隐私性存在一定的顾虑。

(3)部分关键技术尚待突破

由于起步较晚,我国在BIM云涉及的一些关键技术上还存在瓶颈,例如:WEB/移动平台上大规模模型的显示技术、大规模模型数据的云端存储与索引技术等。

### 3. BIM+云技术发展趋势

BIM技术提供了协同的介质,基于统一的模型工作降低了各方沟通协同的成本。而"云+端"的应用模式可更好地支持基于BIM模型的现场数据信息采集、模型高效存储分析、信息及时获取沟通传递等,为工程现场基于BIM技术的协同工作提供新的技术手段。因此,从单机应用向"云+端"的协同应用转变将是BIM应用的一个趋势。云计算可为BIM技术应用提供高效率、低成本的信息化基础架构,二者的集成应用可支持施工现场不同参与者之间的协同和共享,对施工现场管理过程实施监控,将为施工现场管理和协同带来变革。

## 7.3 智能建造——建筑业的未来

随着科技的进步,人类越来越注重经济与社会的可持续发展。倡导可持续发展对建筑业尤其重要。目前,中国建筑业整体规模处于世界领先地位,长期粗放型的经营模式已经对环境产生了很大的破坏。因此,通过新技术对建筑业传统的经营模式进行革新刻不容缓。由于BIM理念与可持续发展似乎不谋而合,因此,它也就具备了强大的生命力。BIM不仅是一种提高工作效率的替代技术,更是一种全新的、规范建筑活动的工作模式;BIM不是一种或几种类型的软件,它涉及的是整个建筑活动质的变革。

随着绿色建筑理念的发展,BIM逐渐成了人类对环保建筑追求的期望。虽然,现阶段的BIM应用还有诸多不成熟,存在一些问题,但它是一种正在发展的新技术,未来的应用也越来越广泛。近年来,许多的BIM愿景正在逐渐变为现实,建筑业受其影响,也在发生潜移默化的改变,可以预测,在未来的5~10年内,BIM将完全有可能成为建筑业主要的技术和手段,BIM的成功案例将会越来越多。

### 7.3.1 驱动力与潜在障碍

#### 1. 发展驱动因素

经济、科技和社会因素可能推动未来BIM工具和工作流程的发展,这些因素包括:全专业化、国际间可持续发展的驱动力,以及工程和建筑服务的商品化、施工方法的设计施工统包、合作团队的增加和设施管理信息的需求等。

智能化、全球化将逐渐消除国际贸易壁垒,使得工程项目施工时可以在全球范围内选择性价比的建筑组件生产基地和制造商,建筑组件可以运送至很远的距离并得到正确的安装,同时,对高度精确和可靠设计与安装信息的需求也会增加。设计服务的专业化和商品化是另一种经济的驱动力,也有利于BIM的应用。

建筑和设施的真实成本目前还没有市场化,可持续发展是对建设成本、建造价值、施工质量一种新的审视,可持续发展有助于改变这种现状。绿色建筑的发展和零能源消耗压力的驱动,将会彻底改变建筑材料的价格、运输成本以及建筑运营方式。建筑师和工程师将被要求提供更多的节能建筑,使用可以回收的建筑材料,这意味着整个建筑活动需要得到更准确、更广泛的分析,而BIM恰恰支持这些功能。

设计与施工一体化的项目,或使用IPD模式交付的项目要求设计和施工之间要密切合作,这种合作也会推动BIM的应用和发展。此外,软件厂商的商业利益以及不同软件产品之间的竞争,将是BIM系统强化和发展的根本动力。BIM的内在价值、对信息模型的处理品质等吸引业主青睐的特征也是推动其发展的重要经济驱动力,其中包括对模型品质、建筑产品、可视化工具、成本估算、决策等环节的提升,以及能够在设计和施工中减少浪费、降低建设和生命期维护成本。再加上维护和运营模式的价值BIM所带来的滚雪球似的价值效应,使得更多业主会在他们的项目中要求使用BIM。计算机运算能力的进步和信息技术的持续发展,使得远端感应技术、计算机控制技术、信息交换技术以及其他技术会越来越先进,软件开发商利用自身的竞争优势可以充分打开BIM发展的局面。此外,另一种可能促进BIM进一步发展的技术是人工智能。对于以专家系统为目标的发展,如法规查核、品质评价、规范协调、设计指南等,BIM也是一种方便的应用平台,而且这些努力已正在进行中,假以时日,将成为一种标准的方法。

信息标准化是BIM的发展的另一种驱动。建筑类型和空间类型等作为定义的一致性以及建筑专有名词的无歧义性,将有利于电子商务以及日益复杂和自动化的工作流程。当然,信息标准化也可以推动私有或公有的参数化建筑构件数据库的管理与使用,以及其内容的创新。无所不在的信息读取和构件数据库的完备,使得具备综合功能的计算机模型更有吸引力。

移动式计算机运算、位置识别和通感技术的日益强大将使得BIM建筑信息模型在施工现场的作用更大,也有助于更快、更准确地施工。此外,GPS导航已经成为自动化的土方工程设备控制系统的重要组成部分,类似的BIM和GIS的结合也将更多应用于施工过程中。

**2.潜在障碍**

BIM的进步在未来的十年也仍将面临诸多障碍。这些障碍包括技术上、法律法规上的障碍,人们习惯于传统的商业模式和旧模式,以及需要投入大量的专业教育等。

设计和施工是一种特别强调协同工作的过程,BIM比CAD更能实现紧密的协同合作。但是,这需要对传统设计、施工领域的工作流程和商业关系做出改变,以增加彼此责任和促进协作。就目前来说,BIM工具和IFC文件格式尚未充分解决支持管理和模型发生变化的更新机制,也没有充分具备处理团队合作中合约责任问题的能力。

此外,不同设计师和承包商的经济利益可能是另一种障碍。在建筑活动运作的商业模式中,目前只有设计师能取得小部分BIM的经济效益。从BIM的价值来看,承包商和业主虽是主要的利益获得者,但尚未有一种明确或直接针对设计师可建立丰富信息模型的机制存在,同时对建筑性能化设计有利的BIM合约,可能并没有在正式合约中出现。

开发商往往喜欢在体量很大的工程项目中才应用BIM,其中应用BIM的挑战要具备针对专项工程的专门功能,这些专门功能包括对项目可行性分析的概念设计,以及不同承包商和预制系统所需要的专门软件等。针对BIM软件的开发多时资本密集型的厂商,为了专门满足某些建筑承包商需要的先进工具,这些厂商可能要承担很大的商业风险,只有一些具备雄厚资金实力的软件开发商才能提供资金,使得用于专项工程的专用软件的投资开发成为可能。

影响BIM工具未来发展的趋势是什么？除了可以预期的是所有的软件将会对人机界面进行改善外,BIM工具期待在以下几个方面显著增强:

(1)进一步改进数据的导出和导入能力,如IFC标准的数据交换能力。市场的发展需要这一改进,软件供应商也应遵守这种规律提供共享的数据接口。但为了自己的商业利益,软件商们也将继续有第二种选择,即在每个BIM应用平台上尽可能扩大其公司产品的应用范围,使日益复杂的建筑设计和施工在同一平台上使用其公司内部的相关工具,而不需要进行外部的数据转换或交换。

(2)为特定建筑类型(如单个家庭住房)打造的精简版BIM工具。如果这些精简版BIM工具的数据可以导入专业的BIM工具中,只要将模型数据传输到实际设计和施工的专业人士项目中去,就可以使每个人都能够建造自己梦想的建筑物。

(3)一些远离计算机桌面、利用网络的简易客户端工具将成为应用趋势。这些应用工具将利用后端BIM模型服务器来提供前端服务,新一代的BIM工具将支持随时随地进行的功能,包括平板电脑和智能手机应用工具界面的开发。

(4)一些BIM工具将更加支持复杂建筑的整体布局和细部设计,也有望类似20世纪80年代CAD技术的相同方式进入市场。4D进度软件将会制定更详细的装配、安装、建造过程,并支持模拟扩展功能。

图纸是二维时代设计产品的最终成果表达形式,其根本是以纸的形式为媒介,是各种绘图符号和制度规范的演变。图纸在建筑活动中起到很重要的作用,设计师用它来表达设计作品,承包商依靠它指导施工,业主依据它来进行运维管理。面对优越的三维建筑信息模型,图纸最终可能会完全消失,从而让位给计算机屏幕和各种终端显示设备。因为这些设备可用于更有效地指导工作复杂的图形,也可以通过三维建筑信息模型进行实时提取和查看。

在设计领域,可视化格式将取代绘图格式,为参与的各方如业主、咨询顾问、投资者、居住者等制定不同的形式,这些形式包括标准的虚拟可视化影片并配以声音和触觉反馈内容。用户控制的虚拟视觉将成为对模型进一步审视的手段,例如,业主可能需要的空间数据、开发商可能要查询的出租率等。充分整合这些服务以及收费体系,将增加建筑服务的价值。

### 7.3.2　智能建造与提高就业技能

**1.智能建造**

新一代信息技术和新一代人工智能与制造业的深度融合,正在引发深远的变革。为了在世界制造业格局变化中占据有利地位,德国提出"工业4.0",美国提出"工业互联网",中国提出了"制造强国战略",其主攻方向就是智能制造。在智能制造政策体系、范式构建、人才培养、实践探索等方面各有着墨,但力度不尽相同,有些俨然走在前列,而诸如人才培养等方面依然缺乏有力支撑。

为此,2017年教育部高等教育司启动了新工科建设,审批设置了智能制造工程、智能医学工程、智能建造、大数据管理与应用等新工科专业。2018年3月5日,教育部公布《2017年度普通高等学校本科专业备案和审批结果的通知》中,教育部发文首批同济大学等四所高校率先开始"智能制造工程"新工科专业,同济大学是2018年获批"智能建造"专业的唯一高校。

同济大学土木专业现在是全世界排名领先,2018年开始招收一个新的专业"智能建造",这个事件有着深远的意义。首先看看古老的土木专业,自从1998年国内高校将建筑工程与路桥合并为大土木以来,就几乎没有变化过。名称上使用中国古老的土与木,实际对应着美式的civil engineering(土木工程专业出现于19世纪美国西点军校,civil是指民用,相对于军事工程而言)。

20多年间,土木专业为中国的建设事业贡献了数以百万计的工程师,在与工程施工人员的配合下,完成了数以百亿平方米的建筑和无数路桥工程,中国的基础设施建设面貌一跃成为发展中国家的标杆。然而,这一切却是由非常传统古老的专业造就的,随着整个基建规模的增长放缓,可谓是夕阳专业。现在同济大学正在努力将这一专业转型为指向未来的新兴专业:智能建造。"智能建造"技术涉及学科多、跨度大,同济大学"智能建造"专业将以土木工程为核心,结合建筑与城市规划、机械工程、电子与信息工程、计算机科学与技术、经济与管理科学等学科共同建设。

建筑业一直提倡的智能建造与BIM是相得益彰的,可以携手一起促进行业进步。精益思想用于建筑设计时意味着通过消除对业主没有直接价值的不必要过程和阶段来减少浪费,诸如减少出图、降低错误和重复工作、缩短工期等,而这些目标通过BIM都是可以实现的。

为具有洞察力的消费者生产高度客制化的产品是精益生产的主要驱动力。针对个体产品生产周期的减少,是必不可少的组成部分,因为它有助于设计者和生产者更好地应对客户不断变化的需求。在减少设计和施工时间方面,BIM被认为可以发挥至关重要的作用,但其主要影响是可以有效地分解设计的持续时间。概念设计快速地发展、通过可视化和成本估算与业主的高效沟通、与工程顾问同时进行设计发展与协调、减少错误并自动化产生文件、促进预制的发展等都有助于发挥BIM的作用。因此,BIM将成为建设领域不可或缺的工具,不仅是因为其能够带来直接的好处,更多的是它有助于促进精益设计和施工。

明确界定管理和工作程序是智能建造的另一个方面,因为它们允许结构式实验以便改善系统。例如,美国的一些建设公司已经率先在其项目中定义并使用BIM标准,公司经营方式的规范将成为建设企业业务拓展中的重要组成部分。

建设企业近期的目标可通过建筑信息模型BIM将企业资源计划(Enterprise Resource Planning,ERP)进行集成。信息模型将成为劳动力与材料数量、施工方法、资源利用率的核心信息源,发挥举足轻重的作用,并集成用于施工控制自动化所需的信息。这些集成系统的早期版本已在2015年以插件的形式出现并添加到BIM设计平台中,对于施工管理,添加到建筑平台中的应用工具可能会有功能上的限制,这是因为对象类之间的关系和施工所需要的集成信息存在差异,施工所需要的 BIM 平台在建筑设计和详细等级上会存在互补性的限制,在形成集成的建筑信息模型后,专用的应用工具将会完全成熟,可能会以以下三种方式组合发展:

(1)细部构件生产供应商将其对象添加到模型工具包和资源中,并根据施工企业的做法,具备可以迅速细化的参数功能。植入这些系统后,其将成为施工计划的应用工具和施工管理系统,结果将是非常详细的施工管理模型。

(2)以企业资源计划 ERP 为标准的应用系统可以设定活动链接,以便与 BIM 模型进行链接。虽然这类应用系统仍保留以外部形式连接的接口,但提供了应用 BIM 的工具界面。

(3)全新的以施工为主的 ERP 应用系统植入施工信息模型中,紧密集成施工所需要的功能以及业务和生产管理功能。

不管采取上述什么路线,都将会对施工企业带来更为先进的工具和施工管理能力,以及针对公司单独的项目集成职能部门信息的能力。典型的例子就是可以实现劳动力和设备在多个项目中的平衡分配,以及协调小批量交付等就是可以实现的典型例子。

一旦建筑信息模型 BIM 与 ERP 系统完全集成,自动数据采集技术如激光扫描、GPS 定位等都将在现有施工、工作检测与物流中成为普遍的模式。这些工具将取代现有的测量方法和大型建筑的布局,模型植入也将成为一种标准做法。

随着全球化趋势的发展和 BIM 功能的提升,将使建设活动与商业信息高度集成,促进预制建筑的发展,促进建筑业与相关联的制造业形成更紧密的关系,从而使现场工作量降至最低,但这并不代表就是大规模生产,而是转向对高度定制化产品的精益生产。尽管每栋建筑都会有自己独特的设计特征,但 BIM 可以确保每个构配件在交付时即具备高度的匹配性,以便于现场精确地组装。需要注意的是,对于地下结构部分仍然以现场施工为主。

**2.提高技能和就业能力**

由于 BIM 是一种远离图纸生产的革命性转变,因此所需的技能组成是完全不同于 CAD 的,设计人员所熟悉的二维 CAD 时期为制作设计和施工图纸所需要的特定符号和语言将不复存在。无论是在纸张或屏幕上,制作二维表示图都是费力费时的行为,而 BIM 要求的是对建筑物进行最友好的建造,即任何人都可以理解的"所见即所得"原则。因此,对于熟练的建筑师和工程师,直接针对模型处理是合理的,而不是指导别人为他们做这类工作。如果仅将 BIM 看作是一种复杂的或升级版 CAD,设计师对设计方案能够快速讨论和评估的能力将会被忽视。

在 BIM 全面普及之前,BIM 应用者的等级将从草图绘制到详图绘制和设计师角色转换其中,初级应用者最容易成功转型。在传统的分类中,多数设计公司的职员都按设计师和文档管理员进行分类,但当设计师能够直接处理模型时,就会逐渐不需要文档管理员的工作了。在先进技术普及的早期,一般是由少数熟练者使用,由于供给和需求的不平衡,这些早期应用者将获得高薪报酬。随着时间的推移和技术的普及化,这种影响将逐渐减缓,从长远来看,通过 BIM 产生的更大生产力必将导致设计人员收入的集体上升。

当然,随着时间的增加,BIM 工具应用界面也将变得更加直观。伴随着其他信息技术的发展，BIM操作系统将获得更好的装备，那时，设计师直接建模将成为常态。虽然这些角色都是直接建立在当前BIM工具应用的基础上，但产生集成平台环境所需要的可持续性、成本估算、制造、BIM工具与其他工具的结合，将会促使新的专门性角色产生。目前与能源有关的设计问题，通常由设计团队内的专家来处理，同样，与新材料相关的价值工程分析也将由专门人员来完成。在这种情况下，许多新的角色将会出现在设计和制造领域，他们将会解决专门性的和日益增长的多样化问题，这是一般设计师和承包商所不能胜任的，他们将成为设计与施工服务领域的新成员。

### 本章小结

本章主要介绍了BIM与建筑工业化概念和特点，建筑工业化的发展历程，产业化住宅的概念，BIM在建筑工业化中的应用；BIM＋VR、BIM＋GIS、BIM＋3D、BIM＋RFID、BIM＋3D激光扫描和BIM＋云技术等的拓展应用；建筑业的发展方向是"智能建造"，学习智能建造知识与提高就业技能间关系。

### 思考与练习题

7-1 建筑工业化有哪些特点？

7-2 BIM技术在建筑工业化工程中具体应用体现在哪些方面？

7-3 "BIM＋"拓展应用可以和哪些技术相结合？

7-4 "BIM＋"拓展应用的核心价值是什么？

# 参考文献

[1] 中华人民共和国住房和城乡建设部.GB/T51235—2017 建筑信息模型施工应用标准[S].北京:中国建筑工业出版社,2017.
[2] 中华人民共和国住房和城乡建设部.GB/T51212—2016 建筑信息模型应用统一标准[S].北京:中国建筑工业出版社,2016.
[3] 中华人民共和国住房和城乡建设部.2016—2020 年建筑业信息化发展纲要[R].2016.
[4] 冯小平,章丛俊.BIM 技术及工程应用[M].北京:中国建筑工业出版社,2017.
[5] 刘荣桂.BIM 技术及应用[M].北京:中国建筑工业出版社,2017.
[6] 陈长流,寇巍巍.Revit 建模基础与实战教程[M].北京:中国建筑工业出版社,2018.
[7] 张玉琢,张德海,孙佳琳.BIM 技术应用基础[M].北京:清华大学出版社,2020.
[8] 张玉琢,马洁,陈慧铭.BIM 应用与建模基础[M].辽宁:大连理工大学大学出版社,2019.
[9] CBIM Handbook [M].Now York:John Wley & Sons,2011.
[10] 何关培.如何让 BIM 成为生产力[M].北京:中国建筑工业出版社,2010.
[11] 李久林.大型施工总承包工程 BIM 技术研究与应用[M]北京:中国建筑工业出版社,2015.
[12] 李久林.智慧建筑理论与实践[M].北京:中国建筑工业出版社,2015.
[13] 欧阳东.BIM 技术:第一次建筑设计革命[M].北京中国建筑工业出版社 2013.
[14] 李建成.BIM 应用导论[M].上海:同济大学出版社,2015.
[15] 工信部电子行业职业技能鉴定指导中心.BIM 应用案例分析[M].北京:中国建筑工业出版社,2016.
[16] 丁烈云.BIM 应用施工[M].上海:同济大学出版社,2015.
[17] 刘占省.BIM 技术与施工项目管理[M].北京:中国电力出版社,2015.
[18] 廖小烽,王君峰.Revit2013/2014 建筑设计火星课堂[M]北京:人民邮电出版社,2013.
[19] 何关培.BIM 总论 [M].北京:中国建筑工业出版社,2011.
[20] 中国城市科学研究会.绿色建筑 2011[M].北京:中国建筑工业出版社,2011.
[21] 左小英,李智,董玮,等.施工企业 BIM 团队建设模式探讨[J].土木建筑工程信息技术,2013,5(2):113-118.
[22] 刘保石,贺灵童.建筑企业如何打造 BIM 技术团队[J].工程质量,2013,31(2):47-50.
[23] 目前主流的 BIM 软件有哪些[R/OL].[2012-10-29].中国 BIM 培训网.
[24] 何关培.BIM 和 BIM 相关软件[J].土木建筑工程信息技术,2010,2(4):110-117.
[25] 王裙.BIM 理念及 BIM 软件在建设项目中的应用研究[D].成都:西安交通大学,2011.
[26] 李美华,夏海仙,李晓贝.BIM 技术在城市规划微环境模拟中的应用[C]//2012 中国城市规划年会,2012.

[27] 姜曦,王君峰.BIM 导论[M].北京:清华大学出版社,2017.
[28] 秦军.Autodesk Revit Architecture 201×建筑设计全攻略[M].北京:中国水利水电出版社,2013.
[29] Autodesk Asia Pre Ltd.Autodesk Revit 2013 族达人速成[M].上海:同济大学出版社,2013.
[30] 任江,吴小员.BIM,数据集成驱动可持续设计[M].北京:中国机械工业出版社,2014.
[31] 李建成,王朔,杜嵘.Revit Building 建筑设计教程[M].北京:中国建筑工业出版社,2006.
[32] 李建成,卫兆骥,王诂.数字化建筑设计概论[M].2 版.北京:中国建筑工业出版社,2015.
[33] 何关培.那个叫 BIM 的东西究竟是什么 2[M].北京:中国建筑工业出版社,2012.
[34] 易君,魏来.BIM 技术在绿色建筑评价体系中的应用[J].工业建设标准化,2014(4):51-55.
[35] Teicholz E.Facility Design and Management Handbook[M].New York:McG raw-Hill.,2001.
[36] IFMAFoundation.BIM for Facility managers[M].New York:John Wiley & Sons,2013.
[37] 刘照球.建筑信息模型 BIM 概论[M].北京:机械工业出版社,2017.